全国职业培训推荐教材
人力资源和社会保障部教材办公室评审通过
适合于职业技能短期培训使用

服装缝纫基本技能
（第二版）

凌 静 主编

中国劳动社会保障出版社

图书在版编目(CIP)数据

服装缝纫基本技能/凌静主编. —2版. —北京：中国劳动社会保障出版社，2015
职业技能短期培训教材
ISBN 978－7－5167－1768－4

Ⅰ.①服… Ⅱ.①凌… Ⅲ.①服装缝制-技术培训-教材 Ⅳ.①TS941.634

中国版本图书馆CIP数据核字(2015)第075640号

中国劳动社会保障出版社出版发行

(北京市惠新东街1号 邮政编码：100029)

＊

北京市科星印刷有限责任公司印刷装订　新华书店经销
787毫米×1092毫米　16开本　8.25印张　172千字
2015年4月第2版　2025年8月第15次印刷
定价：15.00元

营销中心电话：400-606-6496
出版社网址：http://www.class.com.cn

版权专有　　侵权必究

如有印装差错，请与本社联系调换：(010)81211666
我社将与版权执法机关配合，大力打击盗印、销售和使用盗版图书活动，敬请广大读者协助举报，经查实将给予举报者奖励。
举报电话：(010)64954652

前言

职业技能培训是提高劳动者知识与技能水平、增强劳动者就业能力的有效措施。职业技能短期培训，能够在短期内使受培训者掌握一门技能，达到上岗要求，顺利实现就业。

为了适应开展职业技能短期培训的需要，促进短期培训向规范化发展，提高培训质量，中国劳动社会保障出版社组织编写了职业技能短期培训系列教材，涉及二产和三产百余种职业（工种）。在组织编写教材的过程中，以相应职业（工种）的国家职业标准和岗位要求为依据，并力求使教材具有以下特点：

短。教材适合15～30天的短期培训，在较短的时间内，让受培训者掌握一种技能，从而实现就业。

薄。教材厚度薄，字数一般在10万字左右。教材中只讲述必要的知识和技能，不详细介绍有关的理论，避免多而全，强调有用和实用，从而将最有效的技能传授给受培训者。

易。内容通俗，图文并茂，容易学习和掌握。教材以技能操作和技能培养为主线，用图文相结合的方式，通过实例，一步步地介绍各项操作技能，便于学习、理解和对照操作。

这套教材适合于各级各类职业学校、职业培训机构在开展职业技能短期培训时使用。欢迎职业学校、培训机构和读者对教材中存在的不足之处提出宝贵意见和建议。

人力资源和社会保障部教材办公室

简介

本书以缝纫基本技能为主线逐层递进，包括服装缝纫术语及符号、服装缝纫工具及设备、手缝工艺操作、机缝工艺操作、熨烫、特种工艺操作、典型部件缝制和典型服装缝制等与服装制作工作实际紧密联系的工作技能。

本书从当前服装缝纫岗位实际需要出发，针对职业技能短期培训学员的特点，基本不涉及复杂的理论，强化了技能的通用性和实用性。全书联系企业生产实际，注重实用性与代表性，语言通俗易懂，图文并茂，实现理论与实践一体化，通过本书的学习，学员能够达到服装缝纫岗位的技能要求。本书还可供初涉或从事服装制作工作的人参考。

本书由凌静主编，郑美玲、蔡婷婷、胡宏参编。

目录

第一单元　服装缝纫术语及符号 ……………………………………………………（ 1 ）
　　模块一　服装术语 ……………………………………………………………（ 1 ）
　　模块二　服装符号 ……………………………………………………………（ 9 ）
　　模块三　服装型号 ……………………………………………………………（ 10 ）
　　模块四　服装部件 ……………………………………………………………（ 12 ）

第二单元　服装缝纫工具及设备 ……………………………………………………（ 15 ）
　　模块一　服装缝纫工具 ………………………………………………………（ 15 ）
　　模块二　工业平缝机的使用与维护 …………………………………………（ 17 ）

第三单元　手缝工艺操作 ……………………………………………………………（ 29 ）
　　模块一　手缝工具 ……………………………………………………………（ 29 ）
　　模块二　手缝工艺 ……………………………………………………………（ 31 ）

第四单元　机缝工艺操作 ……………………………………………………………（ 37 ）
　　模块一　空车训练 ……………………………………………………………（ 37 ）
　　模块二　机缝操作 ……………………………………………………………（ 38 ）
　　模块三　基本缝型操作 ………………………………………………………（ 39 ）
　　模块四　其他缝型操作 ………………………………………………………（ 44 ）

第五单元　熨烫 ………………………………………………………………………（ 48 ）
　　模块一　熨烫工具 ……………………………………………………………（ 48 ）
　　模块二　熨烫要素 ……………………………………………………………（ 50 ）
　　模块三　熨烫技法 ……………………………………………………………（ 52 ）

第六单元　特种工艺操作 ……………………………………………………………（ 55 ）
　　模块一　包缝 …………………………………………………………………（ 55 ）
　　模块二　双针平缝 ……………………………………………………………（ 58 ）

模块三　电脑平缝 ··（59）
　　模块四　钉扣 ··（61）
　　模块五　锁眼 ··（63）

第七单元　典型部件缝制 ··（67）

　　模块一　领子缝制 ··（67）
　　模块二　袖子缝制 ··（73）
　　模块三　开口缝制 ··（80）
　　模块四　口袋缝制 ··（84）

第八单元　典型服装缝制 ··（91）

　　模块一　裙子缝制 ··（91）
　　模块二　衬衫缝制 ··（97）
　　模块三　裤子缝制 ··（103）
　　模块四　西服缝制 ··（109）

培训大纲建议 ··（122）

第一单元　服装缝纫术语及符号

模块一　服　装　术　语

专业术语是特定领域对一些特定事物的统一的业内称谓。掌握专业术语不仅有利于提高学习和工作效率，而且便于行业内人士之间的交流、增加信息量和扩大业务范围。服装术语是指服装业的专业术语，某一个服装品种、服装上的某个部件、服装制作每一种操作过程和服装成品质量要求等，都有专业术语。掌握好服装术语有利于指导服装生产、传授和交流技术知识，也有利于管理，在生产中起着十分重要的作用。

一、裁剪、缝纫工艺术语（见表1—1）

表1—1　　　　　　　　　　裁剪、缝纫工艺术语

序号	类别	术语名称	术语解释
1	裁剪工艺	排料	制定出用料定额
2		铺料	按划样要求铺料
3		开剪	按划样线条用裁剪工具裁片
4		钻眼	用裁剪工具在裁片上做出缝制标记
5		打粉印	用划粉在裁片上做出缝制标记，一般作为暂时标记
6	缝纫工艺	烫省缝	将省缝坐倒或分开熨烫
7		剪省缝	将服装上因缝制后的厚度影响衣服外观的省缝剪开
8		环缝	将服装剪开的省缝，用纱线作环形针绕缝，以免纱线脱散
9		缉省缝	将省缝折合用机器缉缝
10		烫省缝	将省缝坐倒或分开熨烫
11		推门	将平面衣片，经归拔等工艺手段烫成立体形态衣片
12		缉衬	机缉前衣身衬布
13		烫衬	熨烫缉好的胸衬，使之形成人体胸部形态，与经推门后的前衣片相吻合

续表

序号	类别	术语名称	术语解释
14	缝纫工艺	覆衬	将前衣片覆在胸衬上,使衣片与衬布贴合一致,且衣片布纹处于平衡状态
15		拼耳朵片	将大衣挂面上段形状如耳朵的部分进行拼接
16		粘牵条	将牵条布用手工扎或用浆糊粘在易拉伸部件
17		缉袋嵌线	将嵌料缉在开袋口线两侧
18		开袋口	将已缉嵌线的袋口中间部分剪开
19		封袋口	袋口两头机缉倒回针封口
20		挂面	将挂面覆在前衣片止口部件
21		合止口	将衣片和挂面在门襟止口处机缉缝合
22		修剔止口	将缉好的止口毛边剪窄
23		扳止口	将止口毛边与前身衬布用斜形手工针迹扳牢
24		扎止口	在翻出的止口上,手工或机扎一道临时固定线
25		合背缝	将背缝机缉缝合
26		归拢后背	将平面的后衣片,按体形归烫成立体衣片
27		封背衩	将背衩上端封结
28		扣烫底边	将底边折光或折转熨烫
29		扎底边	将底边扣烫后扎一道临时固定线
30		倒钩袖窿	沿袖窿用倒钩针法缝扎,使袖窿牢固
31		倒扎领窝	沿领窝用倒钩针法缝扎
32		合领衬	在领衬拼缝处机缉缝合
33		拼领里	在领里拼缝处机缉缝合
34		归拔领里	将覆上衬布的领里归拔熨烫成符合人体颈部的形态
35		归拔领面	将领面归拔熨烫成符合人体颈部的形态
36		覆领面	将领面覆上领里,使领面、领里复合一致,领角处的领面要宽松些
37		分熨上领缝	将绱领缝份分开,熨烫后修剪
38		叠领串口	将领串口缝与绱领缝扎牢,注意使串口缝保持齐直
39		归拔偏袖	偏袖部件归拔熨烫成人体手臂的弯曲形态

续表

序号	类别	术语名称	术语解释
40	缝纫工艺	缲袖衩	将袖衩边与袖口贴边缲牢固定
41		扎袖里缝	将袖子面、里绱缝对齐扎牢
42		收袖山	抽缩袖山上手工线迹或机缝线迹,抽缩的程度以袖中线两端为多
43		滚袖窿	用滚条将袖窿毛边包光,增加袖窿的牢度和挺度
44		画眼位	按衣服长度和造型要求画准扣眼位置
45		滚扣眼	用滚扣眼的布料把扣眼毛边包光
46		锁扣眼	将扣眼用粗丝线锁光
47		滚挂面	挂面、里口毛边用滚条包光
48		坐烫里子缝	将里布绱缝坐倒熨烫
49		缲袖窿	将袖窿里布固定于袖窿上,然后将袖子里布固定于袖窿里布上
50		镶边	用镶边料按一定宽度和形状安装在衣片边沿上
51		绱明线	机绱或手工绱缝服装表面线迹
52		绱松紧带	将松紧带装在袖口底边等部件
53		钉纽	将纽扣钉在纽位上
54		缲纽襻	将纽襻边折光缲缝
55		盘花纽	用缲好的纽襻条,按一定花形盘成各式纽扣
56		拔裆	将平面裤片,拔烫成符合人体臀部下肢形态的立体裤片
57		绱里襟	将门襟安装在衣片门襟上
58		绱腰头	将腰头安装在裤腰上
59		绱串带襻	将串带襻装在腰头上

二、领子的分类与术语

领型的分类方法有很多,根据观察的角度不同会有不同的分类。按领型的形态构成可分为具象领型和抽象领型两大类;按领型高低可分为高领、低领、中间领;按领幅可分为大领、中领、无领;按领角线形状可分为方领、尖领、圆领和不规则领;按领型的穿着状态可分为开门领和关门领;按领的结构可分为立领、翻领、平领、驳领和无领。其他各类领都由以上六类领子结合设计变化而来。

1. 立领

立领指领子从领窝线直立、环绕脖子的领型,具有端正、严谨的特征。立领又有翻转立领、连衣立领、蝴蝶结领和飘带领等,如图1—1所示。

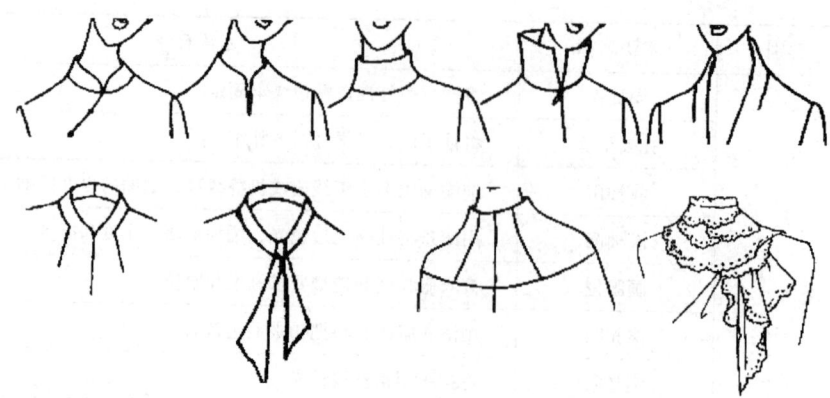

图 1—1 立领

2. 翻领

翻领指领面在领圈上自然外翻的一种领型，如图 1—2 所示。翻领按领面宽度有小翻领、中翻领、大翻领之分，按几何概念可分为方角翻领、圆角翻领和尖角翻领、一字搭肩翻领；按用途可分为海军领、套式翻领等。

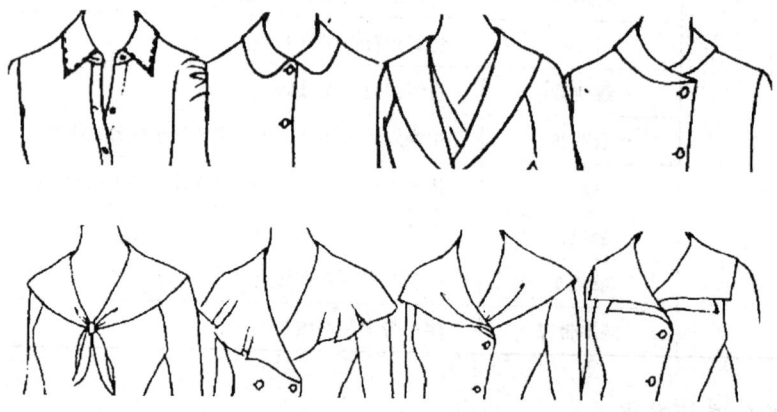

图 1—2 翻领

3. 驳领

驳领也称翻驳领，是指领面与驳头通过串口线连缝在一起的领式，如图 1—3 所示。也有的驳领没有串口线结构，领面与驳头是一个整体，如香蕉领、青果领、燕尾领等。驳领属于开门领，按驳长度可分为短驳头、中驳头、长驳头三种；按宽度可分为宽驳头、中宽驳头、狭驳头三种；按几何概念可以分为方角驳领、圆角驳领、尖角驳领、综合式驳领等；按仿生态可分为蝴蝶领、蟹钳领、带鱼领、缺口青果领等；按用途可分为西装领、套式驳领等；按变化形态可分为立驳领、登驳领、重叠驳领、双层驳领等。

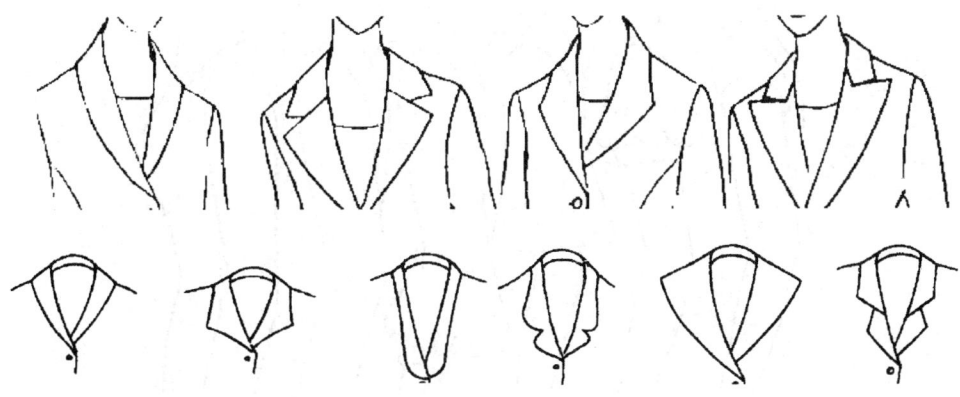

图1—3 驳领

4. 无领

无领又称领线，也称领口领，是指上衣颈脖部件只有领圈而无领子的一种形式，如图1—4所示。无领是衣领的基础，领线造形变化多样，有圆形、方形、自由形。在结构上只要领线的开口宽度不超过肩宽，领线的开口符合文化习俗要求、符合审美特性，那么各类线形均可设计。常见的有方领、圆领、长圆领、一字领等。

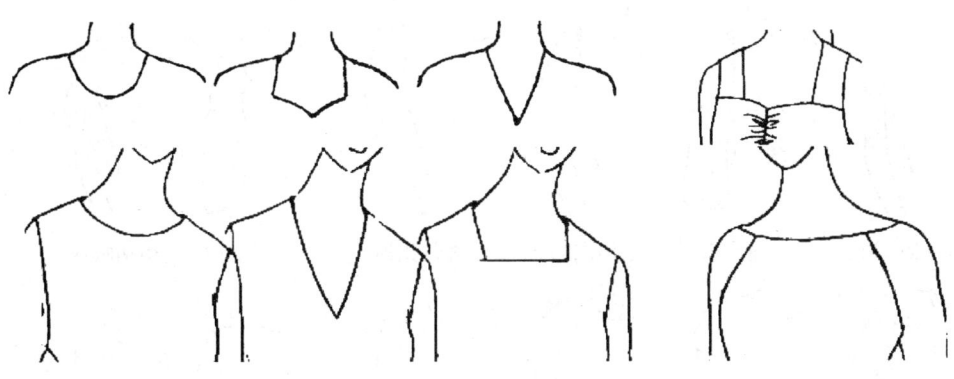

图1—4 无领

三、袖子的分类与术语

袖子是服装套在胳膊上的圆筒状部分。袖子按照长度可分为长袖、九分袖、七分袖、五分袖、短袖、盖肩袖，如图1—5所示；按照造型可分为普通衬衫袖、普通衬衫短袖、短泡泡袖、喇叭袖、灯笼袖、泡泡袖、花袖、连袖、插肩袖、西装袖等，如图1—6所示；按照袖子的袖片数可分为单片袖、两片袖、三片袖、多片袖；按照袖子与衣身连接方式可分为装袖（绱袖）、连身袖、插肩袖，如图1—7所示；按照袖子的合体程度可分为宽松袖、合体袖、一般袖等，如图1—8所示。

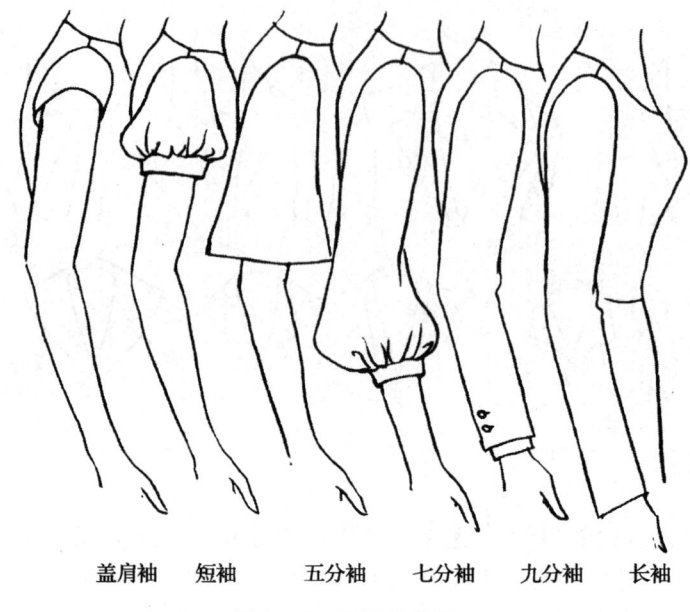

盖肩袖　短袖　五分袖　七分袖　九分袖　长袖

图1—5　按袖长分类

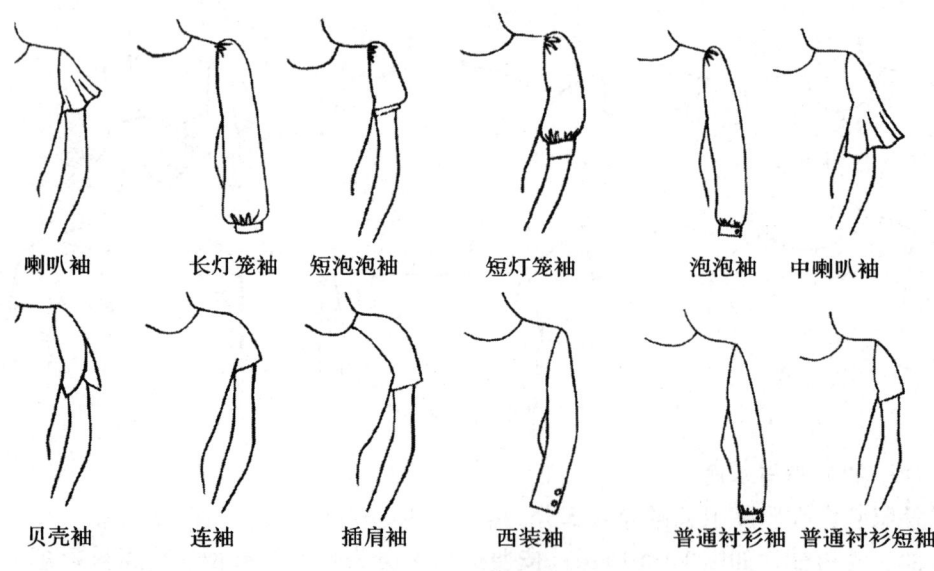

喇叭袖　长灯笼袖　短泡泡袖　短灯笼袖　泡泡袖　中喇叭袖

贝壳袖　连袖　插肩袖　西装袖　普通衬衫袖　普通衬衫短袖

图1—6　按造型分类

装袖是指衣服正身的袖窿连接袖片的袖山弧线所构成的袖型。

连身袖是指袖片与衣身连续的款式。

插肩袖是指袖片从腋部直插领口的袖型。

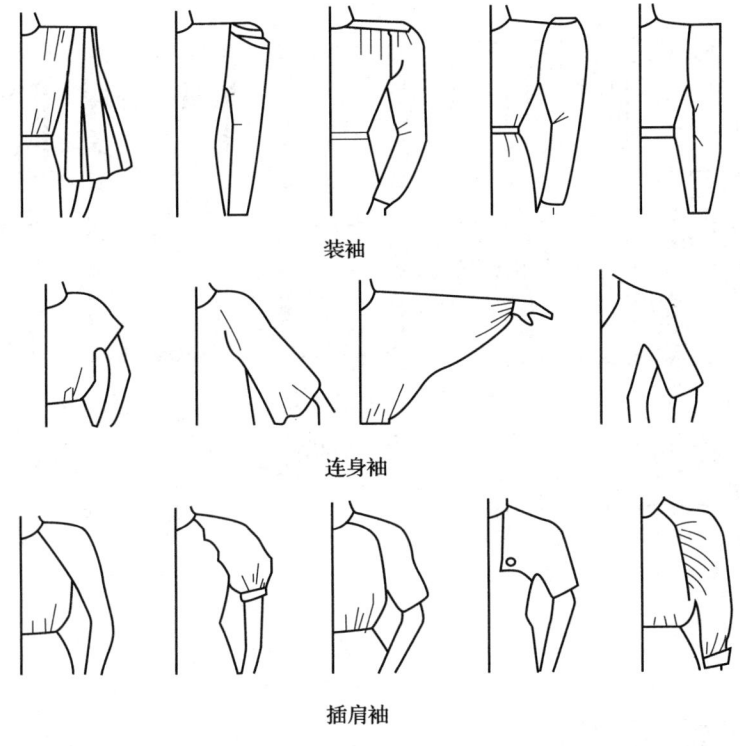

装袖

连身袖

插肩袖

图 1—7 按衣袖连接方式分类

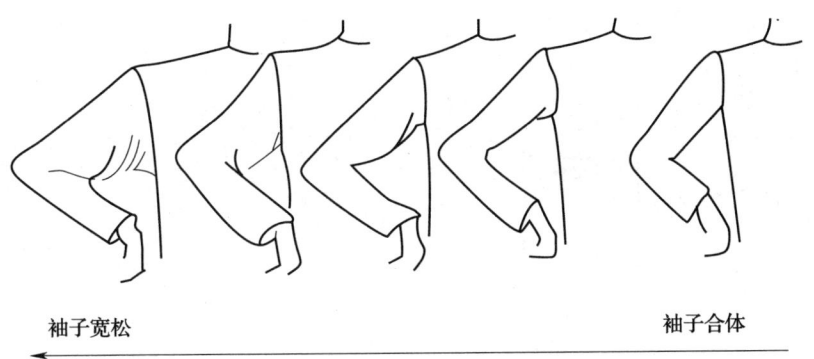

袖子宽松　　　　　　　　　　　　　　　　　　袖子合体

图 1—8 按合体程度分类

四、口袋的分类与术语

根据口袋的结构特征，口袋可以分为贴袋、挖袋和插袋。贴袋是贴缝在服装表面的口袋，是所有口袋中造型变化最丰富的一类，如图 1—9 所示。挖袋是袋口开在服装的表面、而袋却藏在服装里层的口袋，如图 1—10 所示。插袋一般指袋口在服装的接缝处直接留出而不会在衣片上挖出的口袋，如图 1—11 所示。

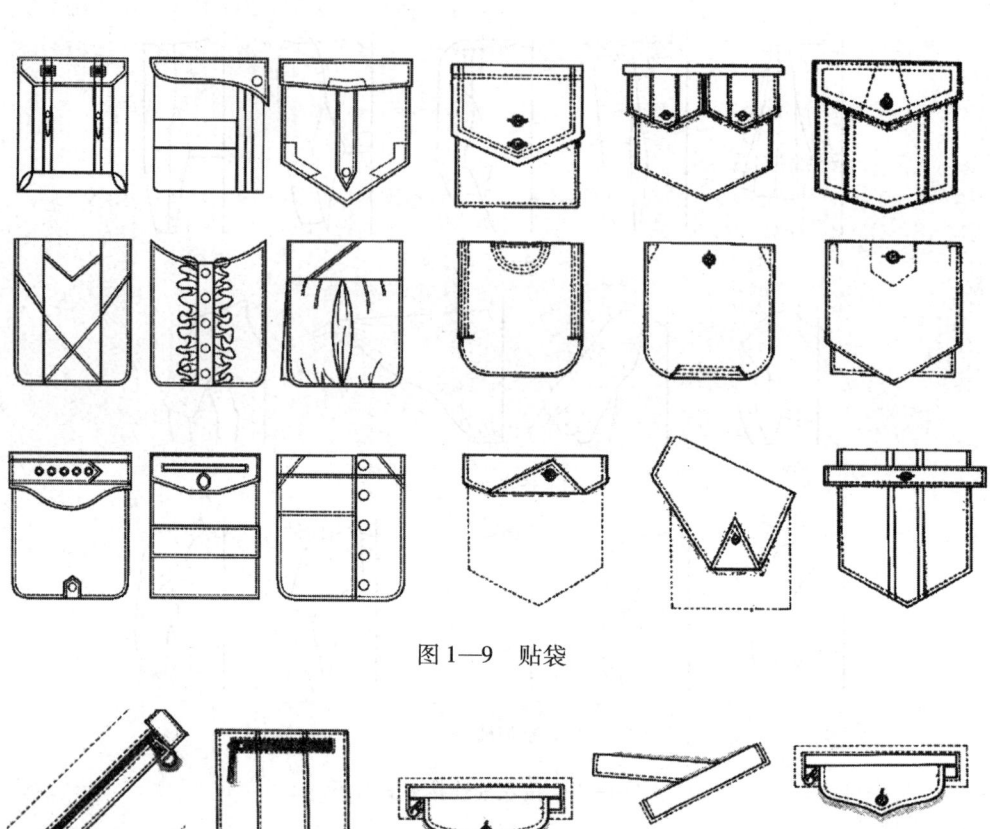

图 1—9 贴袋

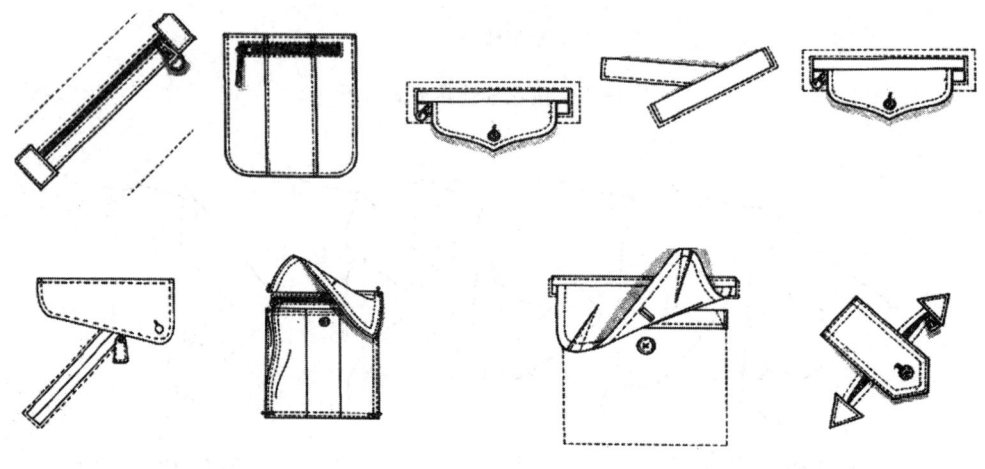

图 1—10 挖袋

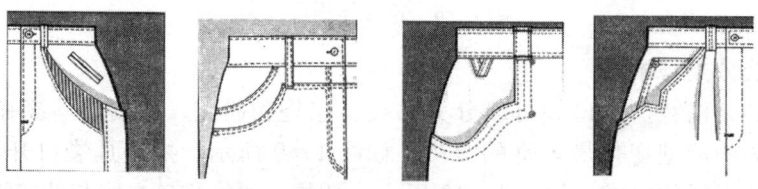

图 1—11 插袋

模块二 服装符号

服装符号是用符号代替汉字的说明，比文字表示更形象标准，既简洁又明了，也便于国际的技术交流，下面是部分专用符号。

一、服装熨烫工艺符号

在服装工业生产中熨烫是一道重要的工序，熨烫符号表示了熨烫方式和熨烫温度的要求（见表1—2）。

表1—2　　　　　　　　　　服装熨烫工艺符号

名称	烫干	烫圆	拉烫	缩烫	归烫	拔烫
符号	90℃	120℃	120℃	140℃	140℃	140℃
名称	湿烫	干烫	盖布烫	不能烫	黏合烫	蒸汽烫
符号	300℃	100℃	500℃	0℃	200℃	500℃
说明	符号中的数字表示熨烫温度，温度的高低应根据面料测试的承受度数来标注					

二、服装缝纫工艺符号

针对服装在各部件设计中不同的工艺结构、工艺造型，服装缝纫工艺用比较形象的符号，明确地表达了所要采用的缝纫方式。工艺流程各道工序的操作人员必须按照缝纫工艺符号所表示的方式进行操作。

1. 手缝工艺符号（见表1—3）

表1—3　　　　　　　　　　手缝工艺符号

名称	擦针	线丁	缲针
符号	— — —	\/ \/ \/ \/	～～
名称	纳针	倒勾针	拱针
符号	\/ \/ \/ \/ \/ \/ \/ \/ \/	∽∽∽∽	⊓⊔⊓⊔⊓⊔

续表

名称	三角针	杨树花针	线襻
符号			
名称	打套结	锁眼	钉扣
符号			

2．服装机缝符号（见表1—4）

表1—4　　　　　　　　　服装机缝符号

名称	明线	双止口明线	碎褶	折裥	明裥
符号					
名称	暗裥	省	开省号	塔克线	司马克
符号					
名称	罗纹	橡筋	扣眼位	扣位	眼刀
符号					

模块三　服　装　型　号

一、号型定义

"号"指高度，表示人体的身高，以厘米为单位，是设计和选购服装长短的依据。服装上标明的号的数值，表示该服装适用于身高与此号相近的人。例：男子170号，适用于身高168～172 cm 的人穿着，以此类推。

"型"指围度，表示人体的胸围或腰围，以厘米为单位，是设计和选购服装肥瘦的依据。服装上标明的型的数值，表示该服装适用于胸围或腰围与此型相近的人。例：女子上装84型，适用于胸围82～85 cm 的人穿着；男子下装76型，适用于腰围在75～77 cm 的人穿着，以此类推。

二、人的体型分类

新的服装号型标准根据人体的胸围和腰围的差数，将其分为 Y、A、B、C 四类，具体见表1—5。

表1—5　　　　　　　　　　　　体型分类表　　　　　　　　　　　　　　　　cm

体型分类代号		Y	A	B	C
胸腰围差量	男子	22~17	16~12	11~7	6~2
	女子	24~19	18~14	13~9	8~4

三、号型应用

1. 号型的范围

成人男装号为 155~185，女装号为 145~175，少年儿童号为 80~160。

成人男子型为 76~112（上装）或 56~108（下装），成年女子型为 72~108（上装）或 50~102（下装）。

2. 号型标志及含义

号型表示方法：号与型之间用斜线分开，后接体型分类代号。例如，男子上装 170/88A，号 170 适用于身高在 168~172 cm 的人群，型 88 适用于胸围在 86~89 cm 的人群，体型分类代号 A 指胸腰围差量在 16~12 cm 的人群，以此类推。

3. 号型系列

号型系列以各自体型的中间体为中心，向两边依次递增或递减组成。身高以 5 cm 分档，胸围或腰围分别以 4 cm、3 cm、2 cm 分档，组成 5·4（5·2）和 5·3 两种号型系列，与四种体型分类组合为八大类号型系列。

4. 中间体

中间体是指各种体型中的中间值。在设计服装规格时，必须以中间体为中心，按一定的分档数值，向上下、左右推档组成成品规格系列。国际标准中男子选择 170/88A 和 170/74A，女子选择 160/84A 和 160/68A 体型的人为中间体。男子与女子各体型的中间体数据见表1—6。

表1—6　　　　　　　　　男子与女子各体型的中间体　　　　　　　　　　　cm

体型	Y	A	B	C
男子	170	170	170	170
	88	88	92	96
	70	74	84	92
女子	160	160	160	160
	84	84	88	88
	64	68	78	82

中间体尺寸反映了我国男女成人各类体型的身高、胸围、腰围等部件的平均水平,有一定的代表性。中间体并非一成不变,需要根据大量实测的人体数据,通过计算求出均值。

5. 消费者选择和应用号型的注意事项

在选择服装前,先要测量好自己的身高、净胸围、腰围,每个人的个体实际尺寸,有时与服装号型档次并不吻合。如身高167 cm、胸围90 cm的人,号是在165~170号之间,型是在88~92型之间,因此需要向上或向下靠档。一般来说,向接近自己身高、胸围或腰围尺寸的号型靠档。

(1) 按身高数值选用号,例如:身高163~167 cm,选用号165;身高168~172 cm,选用号170。

(2) 按净体胸围数值选用上衣型,例如:净体胸围82~85 cm,选用型84;净体胸围86~89 cm,选用型88。

(3) 按净体腰围数值选用下装型,例如:净体腰围65~66 cm,选用型66;净体腰围67~68 cm,选用型68。

6. 服装工业企业选择和应用号型的注意事项

必须从标准规定的各个系列中选用适合本地区的号型系列。无论选用哪个系列,必须考虑每个号型适应本地区的人口比例和市场需求情况,相应地安排生产数量,以满足大部分人的穿着需要。

对服装号型系列中规定的号型不够用时(虽然这部分人占的比例较小),可扩大号型设置范围,以满足特体人群的要求。扩大号型范围时,应按各系列所规定的分档数和系列数进行。

模块四 服装部件

一、服装上装部件(袖子)

袖子的主要种类及形式如图1—12所示。

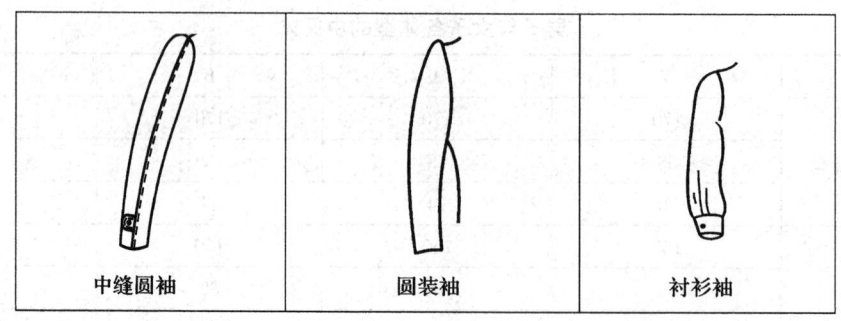

中缝圆袖　　　　　圆装袖　　　　　衬衫袖

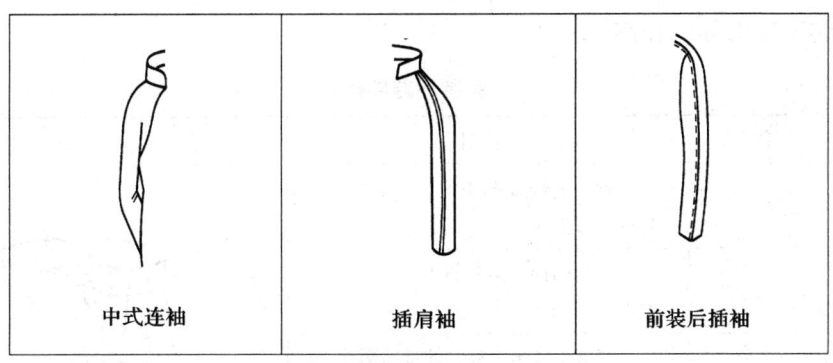

图1—12 服装上装部件（袖子）

中缝圆袖指袖中线有合缝分割线的圆袖。

圆装袖也称装袖，指在臂根围处与大身衣片缝合连接的袖型，圆袖是基本的西式合袖形式与肩袖造型。

衬衫袖是一片袖结构，长袖装有袖克夫。

中式连袖是指衣袖相连、有中缝的袖子。中式上衣多采用这种袖子。

插肩袖是指衣服袖子的裁片和肩膀连着。

前装后插袖是指衣服袖子的裁片和肩膀连着，并有缉线。

二、服装上装部件（口袋）

上装口袋主要有风琴袋、暗工字裥袋、明工字裥袋几种，见表1—7。

表1—7　　　　　　　　　服装上装部件（口袋）

名称	说明	图例
风琴袋	将平口袋的两侧边缘往袋体内面折入形成，将原本开口呈椭圆形的袋子折成开口呈矩形，折叠过后，袋子两侧的边犹如风琴叶子，但又是封闭的，所以就将这种口袋命名为风琴袋	
暗工字裥袋	指袋中间活口的袋	
明工字裥袋	指袋中间两边活口的袋	

三、服装下装部件（见表1—8）

表1—8　　　　　　　　　服装下装部件

序号	名称	说明	图例
1	烫迹线	又称挺缝线或裤中线，指裤腿前后片的中心直线	
2	侧缝	在人体侧面，裤子前后身缝合的外侧缝	
3	腰头	指与裤子或裙身缝合的带状部件	
4	腰头上口	腰头的上部边沿部件	
5	腰缝	指腰头与裤或裙身缝合后的缝子。大部分的裤子都有腰缝	
6	腰里	腰头的里子，即腰部内织带的尽头	
7	侧缝直袋	在侧缝上的口袋处缉明线	
8	后袋	裤子中在后面的口袋	
9	门襟	服装行业泛指衣物在人体中线锁扣眼的部件	
10	里襟尖嘴	里襟处装有尖嘴	
11	尖嘴	里襟处形似嘴巴	
12	耳仔	在腰部装有耳仔	

第二单元　服装缝纫工具及设备

模块一　服装缝纫工具

缝纫工具是服装制作过程中的必备品。每种工具都有其作用，只有了解制作服装的各种工具，才能更好地制作各种服装。

一、机针

缝纫机针，根据缝纫机的种类不同分为家用缝纫机针、工业缝纫机针、专用缝纫机针等。机针的规格有7~20号，针码越大针杆越粗，所形成的针孔也越大，因此要根据面料厚薄选择相应的针号。一般薄面料如丝绸、平纹细布等，可选用9~11号针；一般较厚的面料如化纤、毛涤等，可选用14~16号针；粗厚花呢、粗纺呢等则选用16~18号针。我国常用的针号表示方法有3种，即公制、英制和号制。平缝机机针型号规格有9号、11号、14号、16号、18号，如图2—1所示。

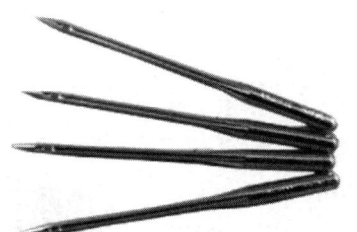 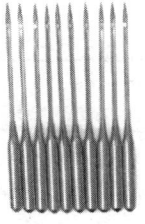

图2—1　机针

二、工业平缝机

工业平缝机也称电动缝纫机，一般由动力机构、操纵控制机构、成缝机构、针码密度调节机构、缝料输送机构等组成，如图2—2所示。工业平缝机有中速、高速平缝机，速度一般都在每分钟2 500针以上。工业平缝机的离合器传动很灵敏，在接通电源的情况下，通过调节脚踏用力的大小就可以随意调整缝纫机的速度，要熟练地掌握车速就要加强用脚控制离合器的练习。

图 2—2　工业平缝机

三、包缝机

包缝机也称拷边机或锁边机，是用于裁剪衣料边缘、防止纤维松散的设备，有单针、双针、三线、四线、五线包缝机等，如图 2—3 所示。

四、镊子和锥子

镊子和锥子是缝纫辅助工具，如图 2—4 和图 2—5 所示。锥子在缝纫时用来拆除缝合线、挑领尖及衣服摆角，或缝纫时轻推衣片，协助缝纫顺利地进行。镊子又称镊子钳，用于穿线、镊线头或疏松缝线，使用时应选用镊口紧密、无错位、弹性好的镊子。

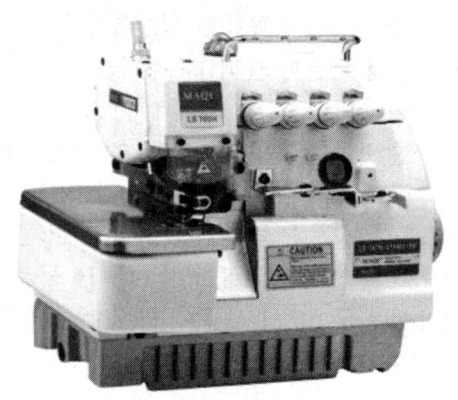

图 2—3　包缝机

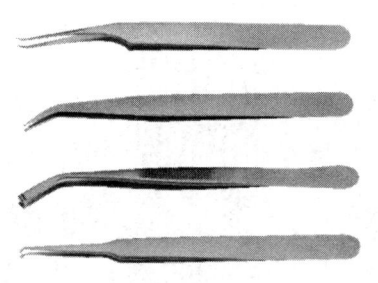

图 2—4　镊子

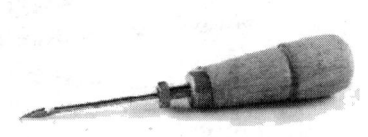

图 2—5　锥子

五、剪刀

剪刀都要求刀口锋利、刀刃咬合时无缝隙。小剪刀也称为纱剪，是缝纫过程中剪线用的工具，如图 2—6 所示。

大剪刀是裁剪衣料用的剪刀，如图 2—7 所示，其长度一般选择 24～28 cm 为宜。大剪刀与普通剪刀的区别是，其后柄有一定弯度，目的是保证布料在铺平的状态下裁剪，以减小裁剪误差。

图 2—6 纱剪

图 2—7 大剪刀

六、电熨斗

电熨斗是熨烫的主要工具，如图 2—8 所示。随着服装品种、面料的多样化，电熨斗也由单一功能向多种功能发展。现在常用的电熨斗既能控温，又有蒸汽，还能喷水，操作更为方便，熨烫效果也更好。日常使用的电熨斗功率有 500 W、700 W、1 000 W 等，功率小的适用于熨烫薄料服装，功率大的适用于熨烫厚料服装。

图 2—8 电熨斗

模块二　工业平缝机的使用与维护

一、工业平缝机的使用方法

1. 工业平缝机的机针检查和安装

机针检查主要是检查是否有针杆弯曲、针尖磨秃及弯尖和针孔毛刺等，如有以上现象，则应将机针校直、磨锋利后才能使用。

工业平缝机机针的安装方法如图 2—9 所示。转动上轮，针杆上升到最高位置，旋松支针螺钉 1，将针柄 2 插入针杆下端的针孔内，使其碰到针孔的底部为止（注意机针的长槽应位于操作者的左面），最后旋紧支会螺钉 3。安装好后应检查机针是否在针板孔的中间，再进行穿针试验，看是否有断面线，若有断面线现象，则说明机针长槽位置不正，应进行调整。

2. 工业平缝机穿引面线和绕底线

（1）取梭芯和绕梭芯线

1）在取梭芯时，先拨动上轮，使针杆上升到最高位置，然后拉开推板，并扳起梭芯套上的梭门盖，向外拉出，取出梭芯套后，闭合梭门，即可将梭芯从梭芯套中取出。

2）绕梭芯线是在绕线器上进行的。如图2—10所示，把梭芯1插入绕线器轴2上，自线团来的线，先穿入过线架3的线孔，再穿入夹线板4，然后把线头在梭芯上绕几圈，把满线跳板5向下撳压，绕线轮即压向传动带6，在缝纫过程中，就能自动绕线，梭芯绕满后能自动跳开并停止。梭芯线应排列整齐而紧密，如松浮不紧，可以加大夹线板4的压力，如排列不齐，则要移动过线架7位置进行调整。可旋松过线架调节螺钉8，将其左右移动，调到能自动排列整齐后再紧固螺钉。梭芯线不要绕得过满，否则容易散落，一般绕到小于梭芯外径 0.5~1 mm，其绕线量可用满线跳板的螺钉9加以调节。旋松满线跳板螺钉可使绕的线径加大，反之则变小。

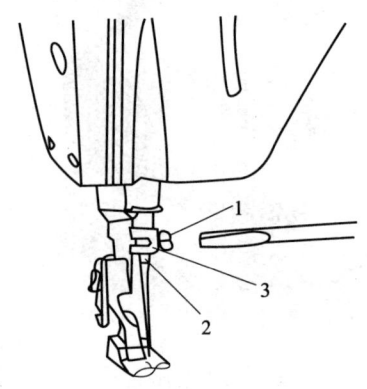

图2—9　机针安装

1—支针螺钉　2—针柄　3—支会螺钉

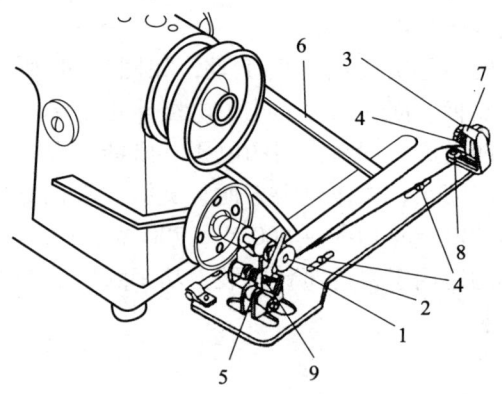

图2—10　绕梭芯线

1—梭芯　2—绕线器轴　3，7—过线架　4—夹线板
5—满线跳板　6—传动带　8—过线架调节螺钉
9—满线跳板的螺钉

（2）将梭芯及梭芯套装入梭床。工业平缝机将梭芯和梭芯套装入梭床的方法可参照家用平缝机的方法进行。

（3）穿面线和引底线

1）穿面线的顺序如图2—11所示。由线团引出的面线，穿入机头顶部过线钉1的孔中，再自上而下经过小线器的夹线板2，然后穿过三眼线钩3的三个线眼，向下自右向左套入夹线器的夹线板4之间，再钩进挑线簧5，向下绕过缓线调节钩6，向上钩进过线环7，再自右向左穿过挑线杆8的线孔，然后向下钩进线环钩9及针杆套筒线钩10和针杆过线孔11。最后自左向右将缝线穿过机针针孔12，并引出100 mm左右的线备用。

2）引底线时，左手捏住面线线头，转动上轮使针杆向下运动，并回升到最高位置，然后拉起面线线头，底线即被引出，最后把底、面线头一起置于压脚下面。

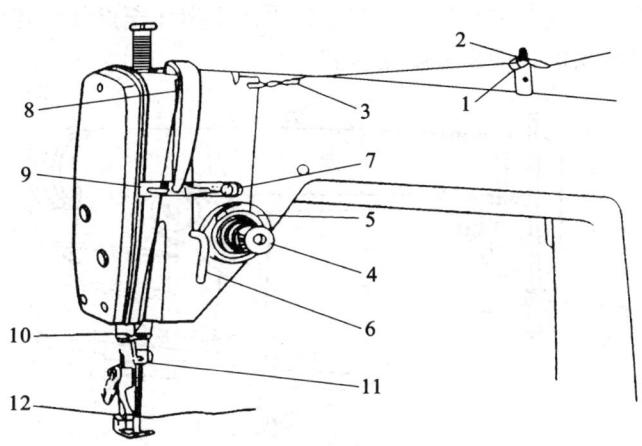

图 2—11 穿面线

1—过线钉 2—小线器的夹线板 3—三眼线钩 4—夹线器的夹线板 5—挑线簧 6—缓线调节钩 7—过线环
8—挑线杆 9—线环钩 10—针杆套筒线钩 11—针杆过线孔 12—机针针孔

（4）旋梭的拆卸和安装。如图 2—12 所示，拆卸旋梭时先转动上轮，将针杆和牙齿同时升到最高位置，拆下针板，取下机针和梭子。如图 2—12a 所示，按逆时针方向旋开旋梭定位钩螺钉 1，将定位钩 2 取下。再旋松旋梭 3 的三个固定螺钉 4。这时用左手向上移动旋梭板 5，使旋梭板到达送布牙架 6 的位置，然后再移动旋梭架 7 使其凹到与旋梭相反的位置 8。此时可用手轻轻左右晃旋梭将其取下。安装旋梭时，只要按上述相反过程即可，如图 2—12b 所示。

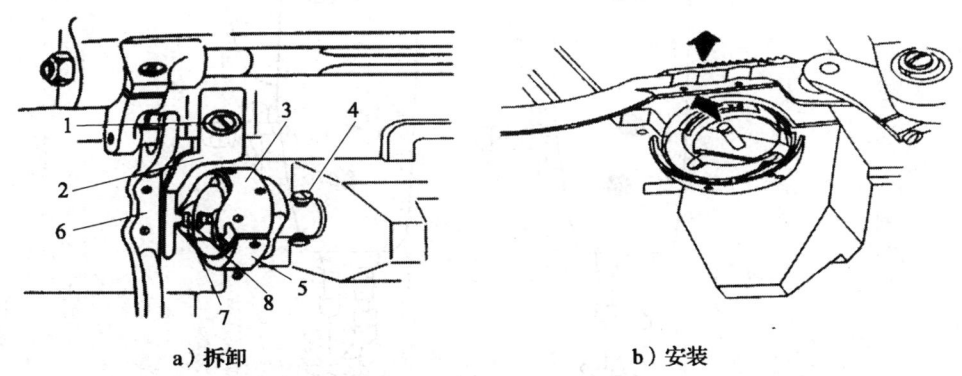

a）拆卸　　　　　　　　　　b）安装

图 2—12 旋梭的装卸

1—旋梭定位钩螺钉 2—定位钩 3—旋梭 4—固定螺钉 5—旋梭板 6—送布牙架
7—旋梭架 8—与旋梭相反的位置

3. 工业平缝机的倒顺缝

工业平缝机工作时绝大多数的线缝是顺缝。工业平缝机一般都有倒向送料控制装置，需要倒向送料时,如图2—13所示,只要将倒送扳手向下撳压至虚线位置,即能进行倒送。手放松后,倒送扳手自动复位,即恢复顺向送料。

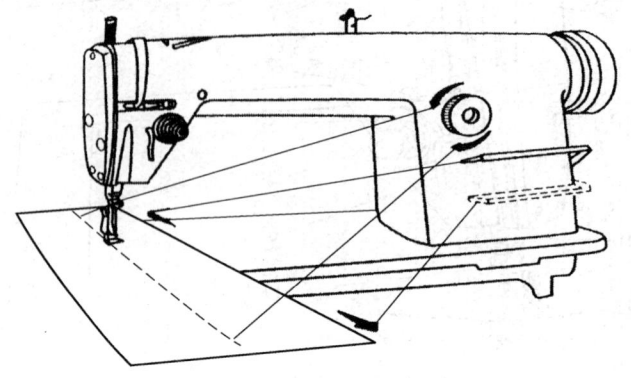

图2—13 倒顺缝

4. 工业平缝机压脚压力调节

根据面料的厚度可调节缝纫机压脚压力,如图2—14所示。先旋松螺母,在放入厚料时,应加大压脚压力,即顺向转动压脚调节螺钉,使压力增大。缝纫薄料时,调节方向与之相反。

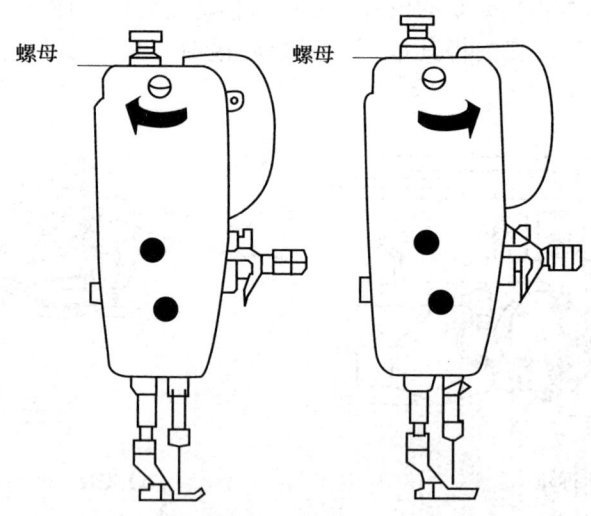

图2—14 压脚压力调节

5. 工业平缝机缝纫线迹调节

进行底线张力调节,只要用小号旋具旋转梭壳上的梭皮螺钉A即可,如图2—15所示。

一般来说,底线采用60号棉线,梭芯装入梭壳后,拉出缝线穿过梭壳线孔,捏直线头吊起梭壳,梭壳如能缓缓下落,则可使用。

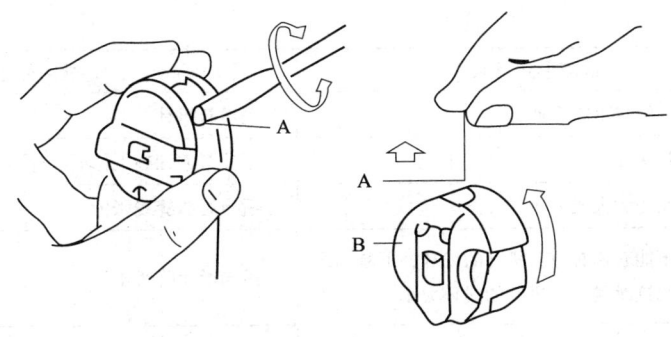

图2—15 底线张力调节
A—梭皮螺钉 B—梭皮梭壳

面线张力以底线张力为基准。面线张力的调整主要通过调节夹线螺母来实现。进行试缝后，观察线迹形成情况，如图2—16所示。面线紧，说明面线张力过大，应逆时针旋转夹线螺母，放松面线压力；底线紧，说明底线张力过大，应将梭皮螺钉旋松；若面、底线都松，应同时调整面、底线的张力，使之配合；若面、底线都紧，应将上线夹线螺母与梭皮螺钉同时旋松。

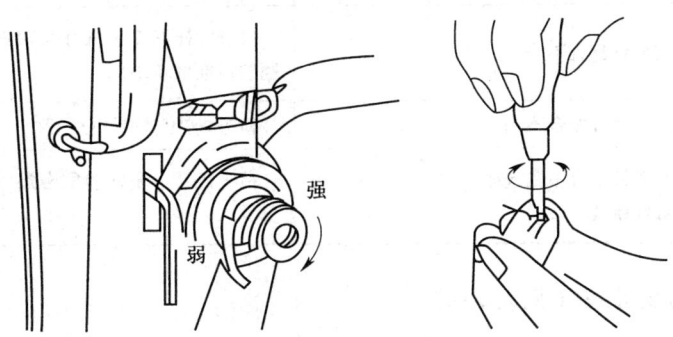

图2—16 上线夹线螺母与梭皮螺钉调节

二、工业平缝机常见故障分析及其维修

工业平缝机常见的故障主要有跳线、断线、断针、花针、缝料起皱、线迹不良、针洞、上弯针线跳针、下弯针线跳针、断机针、断机针线等。以下介绍这些故障的具体形式、产生原因和维修方法。

1. 跳线的原因及处理（见表2—1）

表2—1　　　　　　　　　　跳线的原因及处理

序号	故障形式及原因	故障处理
1	穿线方法不正确	按照穿线图重新穿线
2	直机针的安装不正确	检查机针高度及面向位置，使机针向下运动时略靠针板孔前方

续表

序号	故障形式及原因	故障处理
3	直机针针尖毛或弯曲	更换新机针
4	弯针针尖变钝	用油石或细砂纸修磨，也可换新弯针
5	缝线张力太大或太小	适当调节缝线张力
6	弯针不能套住右边直机针的线环，下装饰线的右边线迹跳线，直机针的线环太小	适当增大跳线量
7	弯针不能套住左边直机针的线环，下装饰线的左边线迹跳线，直机针的线环过大	适当减少跳线量
8	弯针同时钩不住中间和左边直机针线环，下装饰线的中间线和左边线迹都跳线	适当减少跳线量
9	弯针背面中间、左边针线不能穿进编织针线和弯针线的三角形，左面线迹的背面中间跳线	检查缝线是否穿过夹线器，检查底线凸轮的同步工作，如有问题按标准重新调整
10	机针与弯针配合不当	检查针杆高度、机针与弯针之间的同步，如有问题按标准重新调整
11	机针与护针杆配合不当	检查机针与护针杆位置
12	机针与绷针配合不当或绷针的位置不对，造成上装饰线跳线	检查机针与绷针的配合尺寸，检查绷针线的出线量

2. 断线的原因及处理（见表2—2）

表2—2　　　　　　　　断线的原因及处理

序号	故障形式及原因	故障处理
1	穿线方法不正确	按照穿线图重新穿线
2	机针安装不正确	重新安装机针，使针槽正对操作者
3	机针针眼及针槽不光滑	更换新机针
4	缝线张力太大	适当调整缝线张力
5	缝线质量太差	改用较好的缝线
6	缝线比针眼粗	换用适中的缝线或机针
7	机针、弯针、针板、压脚舌、过线钉等过线孔有毛刺或刮伤现象	用油石或细砂纸重新打磨，也可更换刮伤机件
8	机针与弯针、绷针配合不当	按机针与弯针、绷针的配合标准重新调整

3. 断针的原因及处理（见表2—3）

表2—3　　　　　　　　　　断针的原因及处理

序号	故障形式及原因	故障处理
1	压脚压力太小，送布不良	适当增加压脚压力，使送布正常
2	弯针与直机针相碰	按标准调整弯针与直机针的配合位置
3	绷针与直机针相碰	按标准调整绷针与直机针的配合位置
4	直机针与护针杆配合不当	按标准调整机针与护针杆的配合
5	弯针尖圆秃	更换新弯针
6	针杆和针杆套筒磨损太大	使针杆与针杆套筒配合松动，更换针杆和针杆套筒
7	针板上的针眼太小	更新大针眼针板或换小号机针
8	机件松动较大	检查钩线机构各机件之间的配合和磨损情况，按标准调整配合位置，磨损严重更换机件

4. 花针的原因及处理（见表2—4）

表2—4　　　　　　　　　　花针的原因及处理

序号	故障形式及原因	故障处理
1	直机针太低使直机针线圈形成太大，使线圈之间相互交织在一起	按直机针高度定位标准重新定位
2	针板舌头太狭，使直针线圈容易产生拼拢	更换新针板
3	弯针下面太狭，且呈圆形，也容易使直针线圈在弯针上不能各自分开，使线圈相互交织在一起而产生花针	更换新弯针
4	直机针与弯针配合不良	按标准调整机针与弯针配合位置

5. 缝料起皱的原因及处理（见表2—5）

表2—5　　　　　　　　　　缝料起皱的原因及处理

序号	故障形式及原因	故障处理
1	差动送料比率不当	适当调整差动送料比率
2	送布牙高低、前后位置不当	按标准重新调整送布牙高低、前后位置
3	缝线张力过大	适当调整缝线张力
4	压脚压力太大或太小	适当调整压脚压力
5	小压脚失去上下灵活运动，大小压脚之间嵌入缝线或生锈	清除大小压脚之间异物，生锈后除锈或更换锈压脚

6. 线迹不良的原因及处理（见表2—6）

表2—6　　　　　　　　　　线迹不良的原因及处理

序号	故障形式及原因	故障处理
1	线的粗细不一	改用较好的缝线
2	夹线器工作不正常	清除夹线器内杂尘，使过线平顺
3	过线器定位不正确	调整针线、弯针线、绷针线的张力
4	过线孔不光滑	打磨或抛光过线孔

7. 针洞的原因及处理（见表2—7）

表2—7　　　　　　　　　　针洞的原因及处理

序号	故障形式及原因	故障处理
1	直机针针尖钝或发毛	更换机针
2	与缝料相比，机针太粗	改用较细的机针
3	针板眼太小或起边角	把针板眼修圆

8. 上弯针线跳针的原因及处理（见表2—8）

表2—8　　　　　　　　　上弯针线跳针的原因及处理

序号	故障形式及原因	故障处理
1	机针与上弯针定位不准	重新调整机针和弯针位置
2	机针与上弯针间隙太大	重新调整弯针位置
3	针与钩针之间关系错误	调整针与钩针关系
4	穿线错误	重新正确穿线
5	针安装错误	重新正确安装针
6	控线压力太强或太弱	调整控线强度
7	钩针尖端损坏起毛头	去除毛头或换新品
8	针变弯	换新品
9	顶针片安装错误	重新正确安装顶针片

9. 下弯针线跳针的原因及处理（见表2—9）

表2—9　　　　　　　　　下弯针线跳针的原因及处理

序号	故障形式及原因	故障处理
1	机针弯或针尖毛	更换机针
2	机针方向不正	调整针眼方向，使机针长槽对准操作者
3	下弯针针头不尖	修磨下弯针针头或予以调换
4	护线板没有装准	调整护线板位置，使护线板靠拢机针
5	机针高度定位不准	按标准重新定位
6	下弯针与机针的间隙过大	按标准重新调整间隙
7	针和缝线选择不当，针太粗，线太细	正确选择针和线
8	下弯针返回量、高度不对	调整机针与下弯针尖左极限尺寸和下弯针高度符合标准

10. 断机针的原因及处理（见表2—10）

表2—10　　　　　　　　　断机针的原因及处理

序号	故障形式及原因	故障处理
1	下弯针定位不准，将机针钩断	重新调整下弯针位置
2	机针尖与针杆中心不平行	校正针杆头子或调换针夹使机针杆中心和针杆中心平行
3	护针架位置不对	重新调整护针架位置
4	压脚槽与机针没有对准	调节压脚槽位置与机针对准
5	针安装错误	重新装针，长钩面向操作者
6	针尺寸不合适	选用适合布料用的线和针
7	针已变弯	重新换针
8	针与顶针片的关系错误	调节顶针片与针的关系
9	针与钩针的关系错误	调整钩针与针的关系
10	针未入针板槽或压脚槽中央	重新装针或针板或调整压脚

11. 断机针线的原因及处理（见表2—11）

表2—11　　　　　　　　　　断机针线的原因及处理

序号	故障形式及原因	故障处理
1	机针线夹线板压力过紧	旋松机针线夹线螺母
2	机针针尖毛	更换机针
3	下弯针针尖毛	修磨下弯针针尖或更换下弯针
4	送料牙有锋口	修磨或抛光送布牙齿面
5	小针板边缘有毛刺	将小针板边缘修光或抛光
6	线品质不良	改用品质好的线
7	线粗细不均或比针相匹配的要粗	换适宜的针与线
8	穿线错误	重新正确穿线
9	控线压力太强	调整控线强度
10	针安装错误	重新正确装针
11	线架过线错误	重新装线架使线能自如通过
12	针温度过高： （1）针冷却已无冷却油 （2）导针板装错	（1）加油冷却 （2）调整导针板
13	控线片已粗糙	用砂布拉滑后抛光
14	针与钩针的关系错误	调整针与钩针的关系

12. 断上弯针线的原因及处理（见表2—12）

表2—12　　　　　　　　　　断上弯针线的原因及处理

序号	故障形式及原因	故障处理
1	缝线穿错或上弯针线夹线板压力过大	正确进行穿线或旋松上弯针线夹螺母
2	上弯针针眼毛	用线涂上抛光膏，穿进上弯针针眼内拉光

13. 断下弯针线的原因及处理（见表2—13）

表2—13　　　　　　　　　　断下弯针线的原因及处理

序号	故障形式及原因	故障处理
1	缝线穿错或下弯针线夹线板压力过大	正确进行穿线或旋松下弯针线夹线螺母
2	下弯针将小针板碰毛，引起断线	修磨小针板，按要求适当调低下弯针高度
3	下弯针针眼毛	用弦线涂上抛光膏，穿进下弯针针眼内，将孔拉光滑

14. 缝制滑性缝料起皱的原因及处理（见表2—14）

表2—14　　　　　　　　缝制滑性缝料起皱的原因及处理

序号	故障形式及原因	故障处理
1	送料逆差比太小	将差动扳手向下移，直至缝料平整为止
2	压脚底面与送料牙平面不平	按技术要求调节
3	控线压力太强	重新调整控线强度
4	押具压力太强或太弱	调整押具压力强度
5	送料牙太突出针板	调整送料牙正确高度
6	刀无法快切	磨利刀片或换新品，检查上下刀的配合情况
7	差动送料未配合	调节适当差动送料
8	针太粗	选用适宜布的线和针
9	包边宽度比针板舌窄	调整包边宽度或换针板舌

15. 缝弹性缝料产生伸缩的原因及处理（见表2—15）

表2—15　　　　　　　　缝弹性缝料产生伸缩的原因及处理

序号	故障形式及原因	故障处理
1	送料牙顺差比太小，造成伸长	将差动扳手向"0"位上方移，直至缝料平整为止
2	送料牙顺差比太大，造成缩短	将差动扳手向"0"位方向移一些

16. 上下层缝料不齐、下层短的原因及处理（见表2—16）

表2—16　　　　　　　　上下层缝料不齐、下层短的原因及处理

序号	故障形式及原因	故障处理
1	压脚压力过松	增加调压螺钉压力
2	压脚阻力太大或不平	抛光压脚前部或装平压脚
3	差动牙与送料牙齿面不在同一平面上	按要求调整送料牙的高度，使两齿面平齐

17. 切边不整齐的原因及处理（见表2—17）

表2—17　　　　　　　　切边不整齐的原因及处理

序号	故障形式及原因	故障处理
1	上下刀片磨钝	用金刚砂轮或黑色碳化硅砂轮修磨上、下刀片刀口，然后用研磨膏研磨刀刃平面，直至锋利
2	切刀接触不好，位置不当	按要求进行调整

18. 缝合不均的原因及处理（见表2—18）

表2—18　　　　　　　　　　缝合不均的原因及处理

序号	故障形式及原因	故障处理
1	穿线错误	重新正确安装
2	线架安装错误	重新装线架使线能通过自如
3	下刀安装错误	重新安装下刀
4	刀剪布不整齐： （1）刀装错 （2）刀钝	（1）调整刀正确位置 （2）磨利刀或换新品
5	过线孔擦伤	重新打光
6	针尖受损	更换新针
7	送料具高度不适宜	调整正确高度

19. 漏油的原因及处理（见表2—19）

表2—19　　　　　　　　　　漏油的原因及处理

序号	故障形式及原因	故障处理
1	送料牙架防油板损坏	调换防油板
2	盖板未盖平	检查其他部件或换密封橡胶，使各部件盖板盖平，然后旋紧各盖板螺钉

第三单元 手缝工艺操作

手缝工艺又称手针工艺,是采用手缝针在服装材料上进行缝制的工艺,在我国有着悠久的历史、优良的传统和深厚的群众基础,是我国劳动人民智慧的结晶。手缝工艺具有方便、灵活、针法丰富的特点,其中有些针法仍不能为服装设备所代替,以机缝为主、手缝为辅仍是服装制作不可分割的组成部分,手缝工艺是服装缝制工艺中不可缺少的基础。

模块一 手 缝 工 具

一、手缝针

目前市场上有 1~15 种型号的手缝针,如图 3—1 所示。

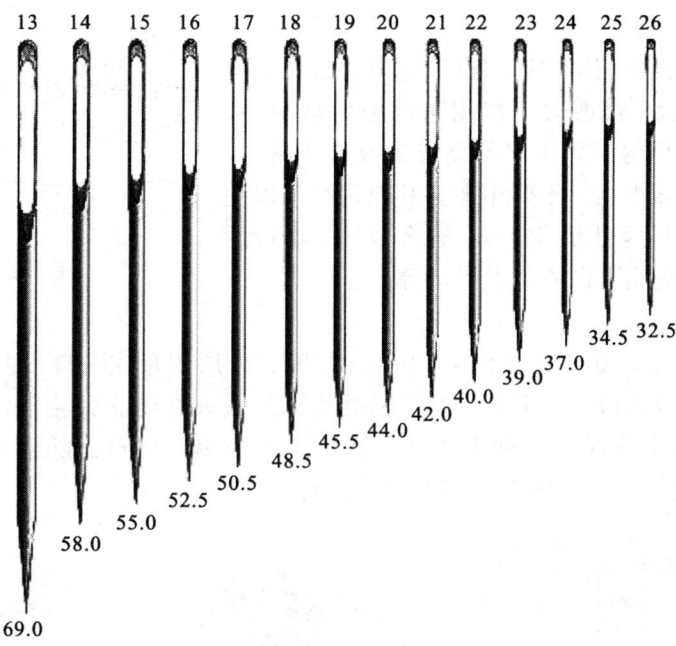

图 3—1 手缝针

手缝针的选用方法:针号越小,针就越粗越长;针号越大,针就越细越短。选用手缝针还必须根据面料材质、厚薄的不同及配备的线型来决定。一般在缝制工艺中常选 1~3 号的手缝针用于厚面料、粗线；4～8号的手缝针用于中厚面料和一般面料、中粗线；装饰工艺选9～12号的手缝针用于轻薄面料、细线或绣线。使用手缝针时选针要得当，针尖要无倒勾，以免戳坏面料纤维。

二、顶针

目前市场上以活口顶针（见图3—2）较为普遍，这种顶针可以调节大小，使用方便。手缝工艺过程中重要的是要适应戴顶针。顶针一般戴在右手中指的第一关节或第二关节上，如果不习惯佩戴，会影响缝制速度，甚至当面料厚时根本无法进行缝制。

 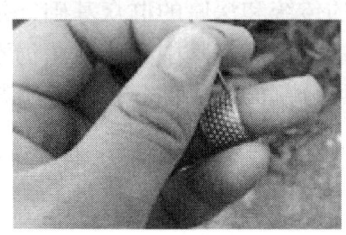

图3—2 顶针

使用顶针时一定要选择适合自己手指粗细的活口顶针，顶针应表面凹槽均匀、深浅一致，以防在使用过程中扎伤手指。

三、剪刀

手缝针工艺过程中使用的剪刀有裁剪刀、普通小剪刀，如图3—3所示。裁剪刀一般用来裁剪大块材料，省力、快捷；普通小剪刀只用来剪断线头或小块材料，轻便。裁剪刀使用需得当，不要用来剪其他物品，以免刀口变钝。剪刀应当两刀刃不卷口、开合自如，合拢后间隙不要太大，否则剪不断衣料及线头等。

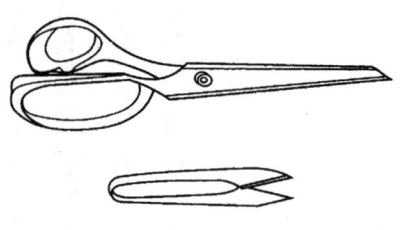

图3—3 剪刀

四、插针包

插针包供插针用，通常直径在4～10 cm之间，外层用布或呢料包裹，里面填入棉絮、木屑、头发等物，如图3—4所示，主要起避免针的丢失并防止针生锈的作用。插针包在具备实用性的同时也变成了一种工艺品，制作工艺简单，可自己随性创造，所以图样不断出新。为方便实用，也有戴在手腕上的插针包。

图3—4 插针包

模块二 手缝工艺

手缝针法具有操作灵活方便的特点,是服装缝制中的一项重要的基础工艺。

一、缝针——针距相等的针法

缝针是手缝针法中最基本的针法,是其他各种针法的基础。该针法可抽缩,常用于服装袖山、口袋的圆角等需收缩或抽碎褶之处,如图3—5所示。

二、定针——临时固定的针法

定针也称假缝针或定针,针法与缝针相似,如图3—6所示,只是针距按缝制要求,可疏可密。要求:线迹均匀顺直,松紧适度;一般用单根白棉线。该针法常用于两层或多层布料缝合工序前的定位,在缝合工序完成后可将寨线抽掉;还用于服装的底边、止口、敷牵带等部件。

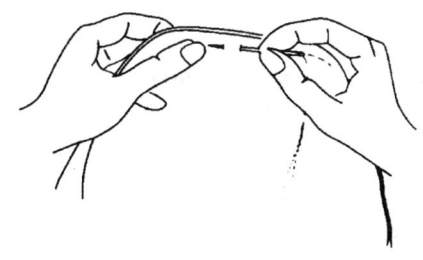

图3—5 缝针

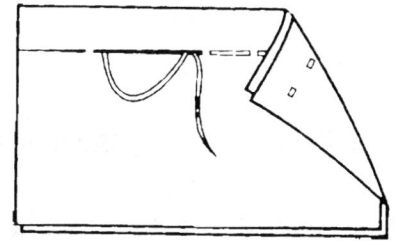

图3—6 定针

三、打线丁——用白棉线在衣片上做出缝制标记

打线丁一般采用白棉线,因为棉纱线软而多绒毛,不易脱落,且不会褪色污染面料。要求:上下层布料要重叠对齐,不能移动;缝线顺直,位置准确,松紧适度;直线处线丁打得稀疏些,转弯或关键部件打得密些。该针法多用于高档服装缝制工艺中做缝制标记,如图3—7所示。

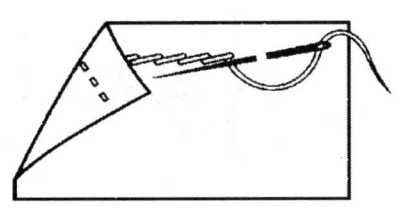
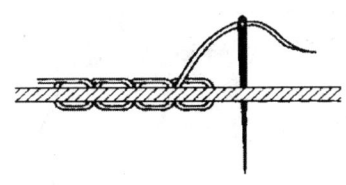

图3—7 打线丁

四、纳针——扎驳头（纳驳头）用的针法

纳针也称扎针、八字针，是一种将多层布料牢固扎缝在一起的针法，如图3—8所示。纳针时要求针距一致、线迹均匀，松紧适度，扎针后驳头自然卷起，驳转有弹性。该针法常用于扎驳头、领头、垫肩等，使之有里外匀窝势。

五、三角针——绷三角针形的方法

三角针也称黄瓜架或花绷，如图3—9所示。要求：线迹呈交叉三角形，针距及夹角均匀相等，排列美观整齐；将折边缝牢固，缝线松紧适度，布料表面平服。该针法常用于服装折边、脚口、商标边沿等。

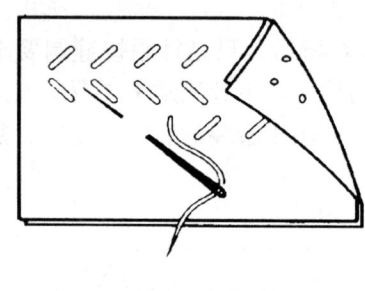

图3—8　纳针

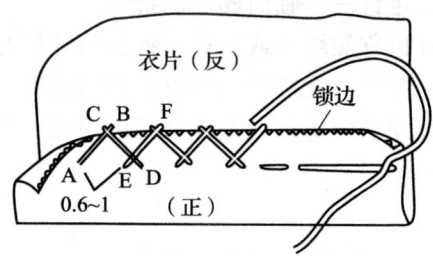

图3—9　三角针

六、回针和倒勾针——进退结合的针法

1. 回针

回针也称顺勾针，如图3—10所示。要求：自右向左运针。针线在布料上面时，先向右退半针将针扎到布料底面向左一针的距离，再将针穿出，再向右退到前半针的位置向下扎针。该针法常用于对面料的加固。

2. 倒勾针——倒针形的针法

倒勾针如图3—11所示。该针法要求自左向右运针，一般是向前缝一针0.3 cm，再向后缝1 cm，也可适当调整向前、向后缝的针距。每针缝线的松紧度可按衣片各部件归紧多少的需要，灵活掌握。该针法常用于袖窿、领圈、裤裆等斜丝容易还口的部件，以加强牢度。

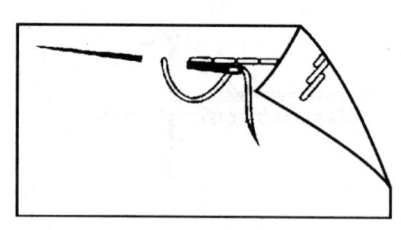

图3—10　回针

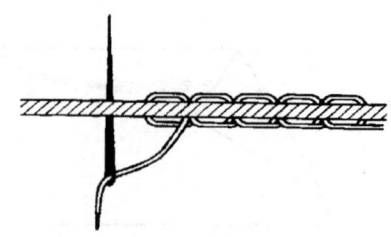

图3—11　倒勾针

七、环针——毛缝口环光的针法

环针的作用与拷边相同,如图3—12所示,要求:缝子一般环牢0.6 cm,省尖处只能环牢0.3 cm。该针法常用于服装剪开的省缝或容易散开的毛缝。

八、缲针——明缲针和暗缲针

1. 明缲针——线缝略露在外面的针法

该针法常用于服装的底边、袖口、袖窿、领里、裤底、膝里绸等,如图3—13所示。

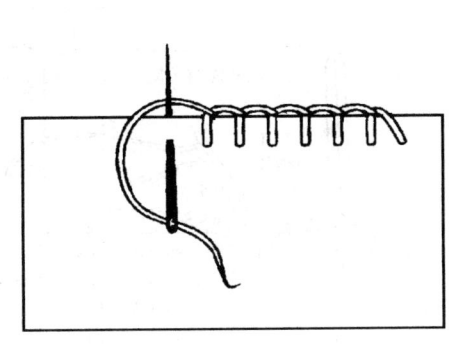

图3—12 环针

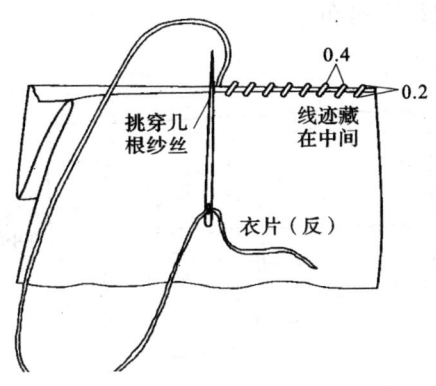

图3—13 明缲针

2. 暗缲针——线缝在底边缝口内的针法

衣片正面只能缲牢1根或2根纱丝,不可有明显针迹,如图3—14所示。夹里底边和贴边都不露针迹,线缝在折边内。该针法常用于西服夹里的底边、袖口,毛呢服装底边的滚条贴边等,也可用于服装表面镶拼装饰片的固定。

九、串针——对串缝合的针法

串针也称暗针,如图3—15所示,针迹在缝子夹层内,上下对串,正面不露针迹。该针法常用于西服与挂面串口处的缝合,尤其适用于领与驳头对条对格要求。

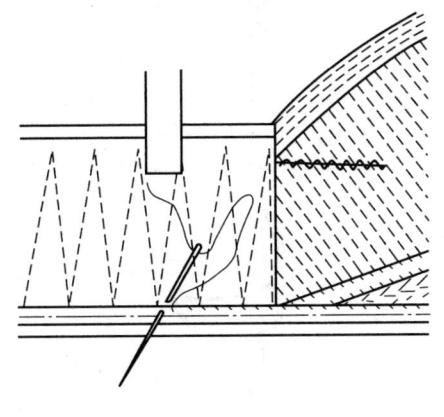

图3—14 暗缲针

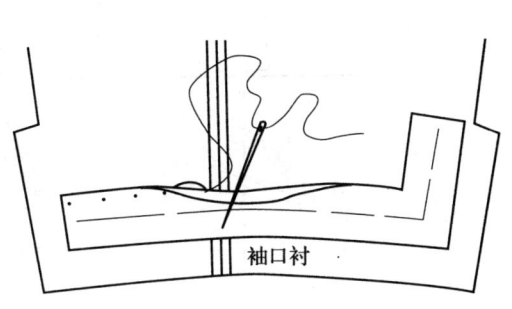

图3—15 串针

十、缲针和反缲针

1. 缲针——牵带布缲在衬布上的针法

缲针如图3—16所示。要求：针由外向里斜入，如直接缲住面料，只能缝牢面料2~3根纱丝。该针法常用于前衣片胸衬止口、驳口线的牵带，或其他敷牵带部件，如背衩、底边处等。

2. 反缲针——衬布缲在面料上的针法

反缲针如图3—17所示。要求：线结缝在衬布上，翻开衬布，缝牢面料1~2根纱丝，再倒退缝牢衬布与面料。

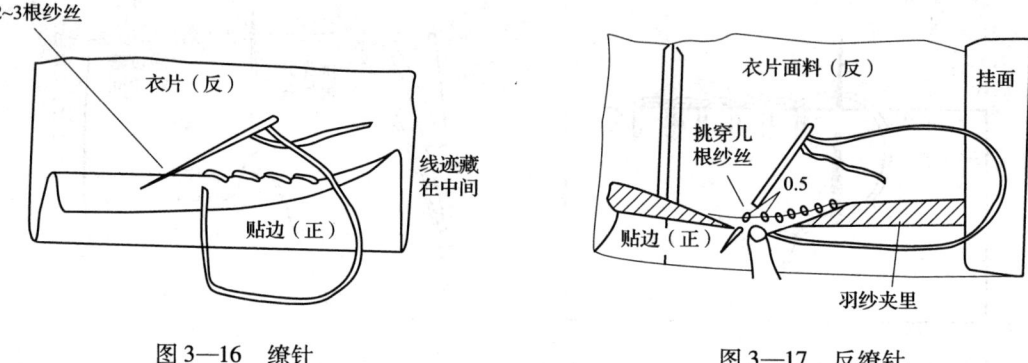

图3—16 缲针　　　　　　　　　图3—17 反缲针

十一、拉线襻——钩针针法（在衣片上将缝线连续环套成小襻的针法）

拉线襻如图3—18所示。要求：第一针先从面料反面穿出，先缝两行线，针穿过两行线内，用左手套住线圈，左手中指钩住缝线，放开左手套住的线圈，右手拉线，形成线襻。如此循环往复至所需长度，将缝线带出穿过线圈，将线襻尾部固定在要求部件。拉线襻时双手要配合好，线圈应大小均匀、松紧适度。该针法常用于扣襻、腰襻、夹衣活底摆里和面的连接。

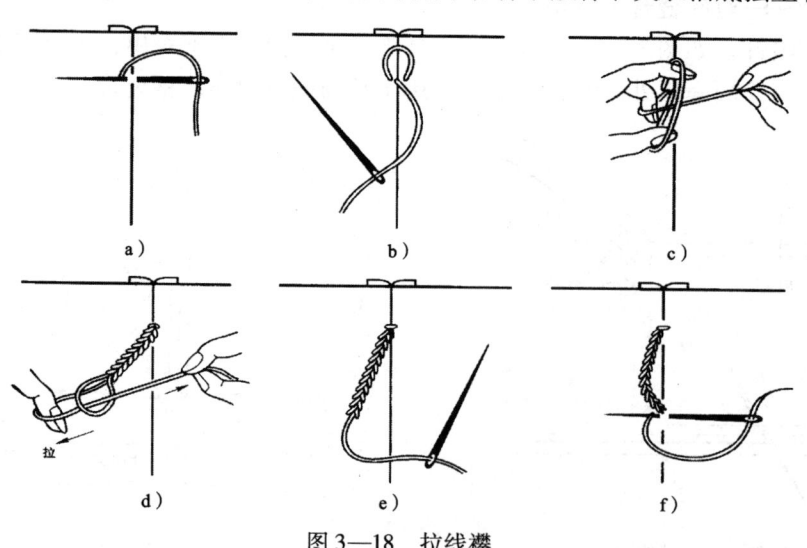

图3—18 拉线襻

十二、打套结——增强封口牢度或开衩位置起加固作用的针法

打套结方法一如图3—19a所示，缝两针衬线，线迹长0.6 cm，用环针的针法锁出一行排列紧密的线结，最后将针扎入反面打结。

打套结方法二如图3—19b所示，缝一针衬线，注意不要将针拔出，将线在针尖上缠绕出套结长度。拔出针，拉缝线，捋平缠绕线。将针扎入反面打结。要求：衬线不宜抽得过紧，线结要整齐、紧密、美观。该针法常用于开衩口、插袋口的两端和裤子门里襟的封口，以增强其牢度和美观。

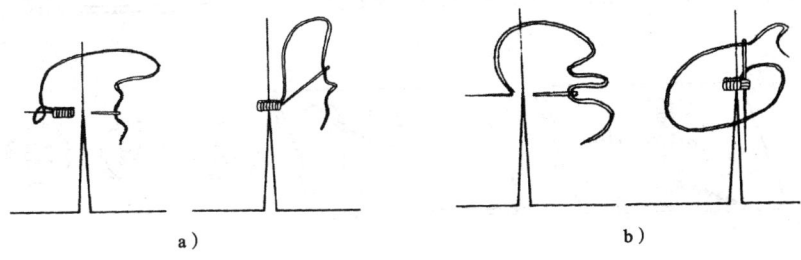

图3—19 打套结

十三、锁针——把毛缝锁光的针法，具有一定的耐磨性和装饰性

锁针多用于锁扣眼。扣眼有平头和圆头之分。锁圆头扣眼用于锁裤子和外衣的扣眼（见图3—20）。锁平头扣眼多用于锁衬衫和内衣的扣眼。锁平头扣眼时不用剪圆头，头尾两端都封口，其余锁法同圆头扣眼。

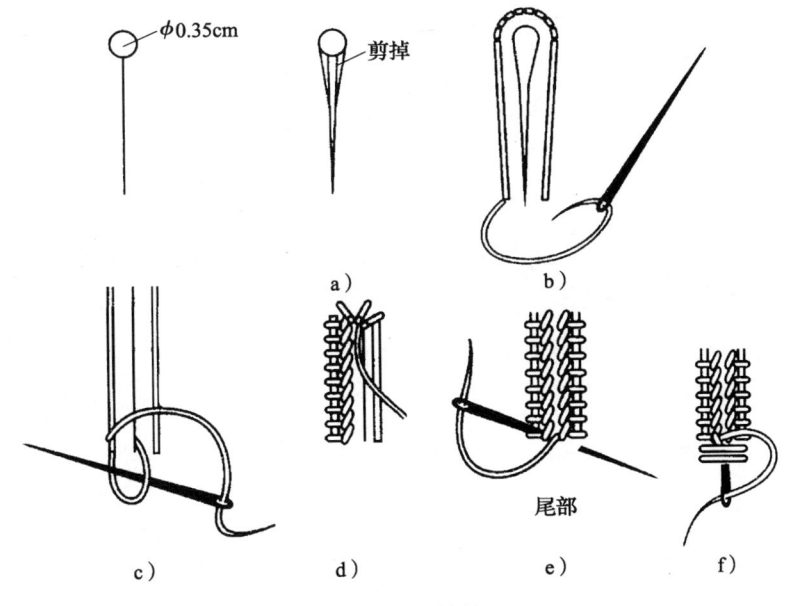

图3—20 锁针

十四、钉扣——把纽扣钉在纽位上

钉扣有钉实用扣和钉装饰扣两种。钉线可用单线，也可用双线。两孔纽扣的缝线只能钉成一字形，四孔纽扣的缝线大多钉成平行二字形或交叉 X 形、口形，如图 3—21 所示。

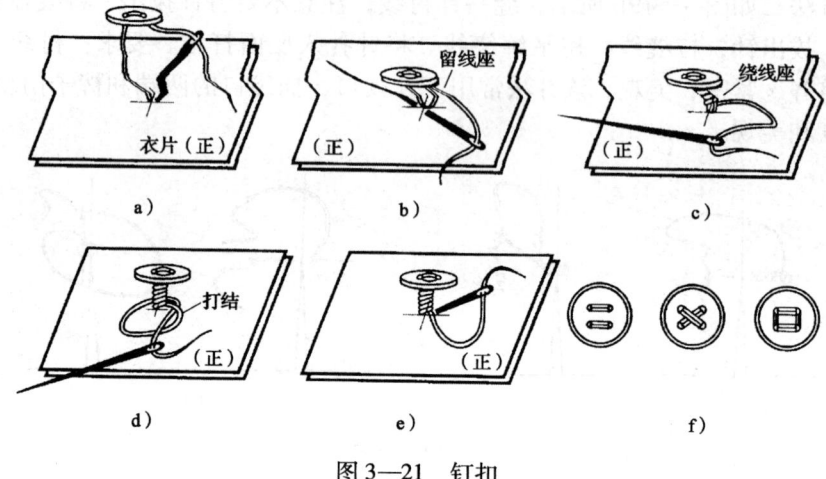

图 3—21 钉扣

第四单元　机缝工艺操作

机缝工艺即用缝纫设备将缝纫线串套连接衣片形成一件完整服装的加工过程。机缝工艺包括平缝、搭缝、来去缝、骑缝、包缝、扣压缝、滚包缝、分压缝等。

模块一　空 车 训 练

使用缝纫机（见图4—1）缝制服装，不但速度快，而且针迹整齐、美观。初学者用脚踏缝纫机时，常因手、脚、眼的不协调，转速忽快忽慢，产生机器突然倒转，从而引起扎线、断线、断针等故障，甚至损坏机器。电动缝纫机的离合器转动很灵敏，通过脚踏用力的大小就可以随意调整缝纫机的速度，所以要掌握车速就要加强脚控离合器的练习。为了做到能随意控制转速快慢，使机器正常运转、各种针迹符合工艺要求，初学者应该先进行空车缉纸训练，在空车缉纸比较熟练的基础上，再做引线缉布练习，学习各种缝针的缝制方法，达到能掌握缝料走向、缝制直线针迹顺直、沿边缉线针迹匀直、缉弧线针迹圆顺无棱角、缉转角线针迹方正无缺口等要求，方可进入产品缝制训练。

一、空车运转训练

空车运转前应扳起压紧杆扳手，避免压脚与送布牙相互磨损。然后坐正，把双脚放在缝纫机的踏板上，踏缝纫机踏板，进行慢转、快转和随意停转的练习，直到操作自如。操作缝纫机时的坐姿如图4—2所示。

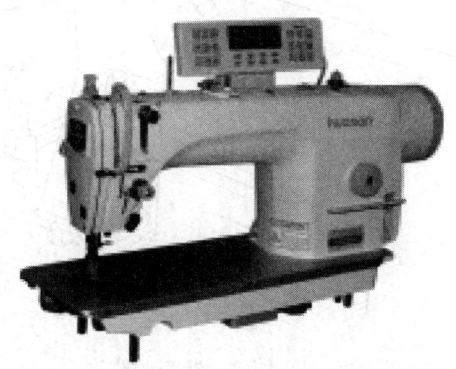

图4—1　工业缝纫机

图4—2　操作缝纫机时的坐姿

二、空车缉线训练

空车缉线训练是在较好地掌握空车运转的基础上，进行不引线的缉纸练习。先缉直线，后缉弧线，然后进行不同距离的平行直线、弧线的练习，还可以练习缉不同形状的几何图形，使手、脚、眼协调配合，做到纸上的针孔整齐、直线不弯、弧线圆顺、短针迹或转弯不出头。

模块二　机缝操作

一、缝制前的准备

1. 针线的选用

机针的规格有9号、11号、14号、16号、18号等多种，号码越小针越细，号码越大针越粗。机针的选择要求是：缝料越厚、越硬，机针越粗；衣料越薄、越软，机针越细。缝线的选用在原则上与机针一样。机针型号9、11、14、16、18分别用于薄料丝绸料、中厚料、棉厚料、牛仔及粗呢。

2. 针迹、针距调节

（1）针迹调节。针迹清晰、整齐，针距密度合适都是衡量缝纫质量的重要方面。针迹的调节由调节装置控制，往左旋针迹长，往右旋转针迹短。针迹调节也必须按衣料的厚薄、松紧、软硬合理进行。缝薄、松、软的衣料时，底、面线都应适当放松，压脚压力送布牙也应适当放低，这样缝纫时可避免褶皱现象，表面起绒的面料，为使线迹清晰，可以略将面线放松，卷缉贴边时，因反缉可将底线略放松。

（2）针距调节。缝前必须先将针距调节好。缝纫针距要适当，针距过稀不美观，而且影响牢度，针距过密也不好看，而且易损坏衣料。一般情况下，薄料、精纺料3 cm长度为14~18针，厚料、粗纺料3 cm长度为8~12针。针距调节方法如下（见图4—3）：

1）将送布料距钮1按箭头方向转动，旋至所需数字对准上部的刻点A。

2）旋钮上的刻度数字单位用亮米表示。

3）若欲缩短线迹长度，应在用倒送扳手2朝箭头方向压下的同时，转动送料调节钮。

二、机缝的操作要领

1. 机缝的特点

在衣片缝合无特殊要求的情况下，机缝时一般都要保持上下松紧一致。上层衣片受到送布的直接推送作用走得较快，而下层受

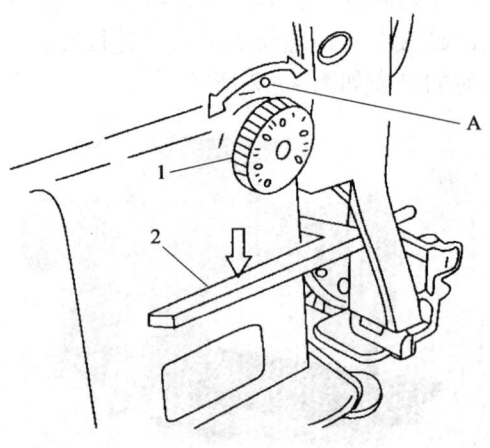

图4—3　针距调节
1—送布料距钮　2—倒送扳手　A—刻点

到压脚的阻力和送布间接推送转慢，往往衣片缝合后产生上层长、下层短，或缝合的衣缝有松紧皱缩现象，所以要针对机缝的特点采取相应的操作方法。

2. 机缝要领

（1）在开始缝合时就要注意手势。左手向前稍推送衣片，右手把下层稍拉紧，如图4—4所示，有的缝位过小不宜用手拉紧，可借助钻车或钳工来控制松紧。这样才能使上下衣片始终保持松紧一致，不起涟形。这是最基本的操作要领。

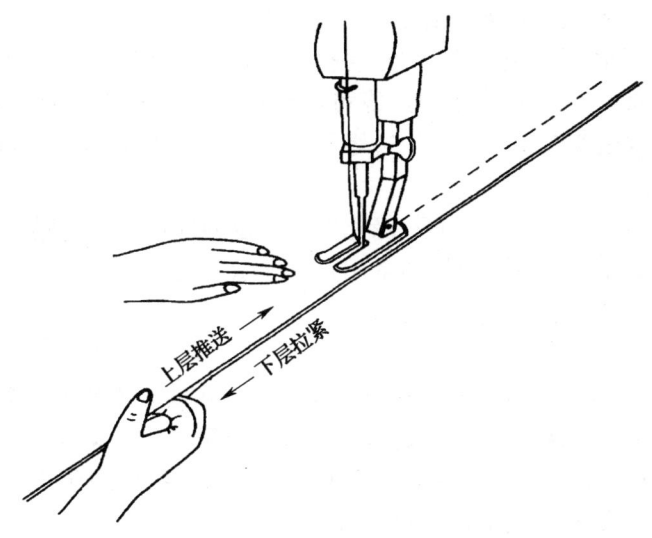

图4—4　缝纫基本操作要领

（2）机缝的起落针根据需要可缉倒顺针。机缝断线一般可以重叠接线，但倒针交接不能出现双轨。

（3）各种机缝要缝足缝份，不要有虚缝。

（4）在卷边缝，压止口和各种包缝的缉线也要注意上下层松紧一致。如果上下层错位，会形成斜纹涟形。

模块三　基本缝型操作

机缝缝型的种类很多，可以根据服装的不同款式、部件和工艺来选用。

一、缝型

在一层或多层缝料上，按所要求的配置形式，缝上不同的线迹，这些不同的配置结构形式称为缝型。

1. 缝型分类依据

缝型的结构形态比线迹更为复杂，国际标准化组织于2002年发布了国际标准《缝纫机，缝型，分类和术语》（DIN ISO 4916—2002），根据该标准，缝型即缝口的结构形态，是指一定数量的布片和线迹在缝制过程中形成的配置形态。一般分为八大缝型，分类时参照以下几种情况。

（1）缝合的布片数量。不同的缝型要求缝合布片的数量是不同的，有一片、两片、三片等。

（2）缝合时布片的配置方式。是指缝合布片时候，布片与布片之间连接的方式，如布边对齐、重叠、搭接、拼接、包卷、叠加、夹芯等形式。

（3）布片布边缝合时的形态。布片布边缝合时的形态有四种形态，具体来说如下：

"无限"是指缝料的一端或两端的边缘可以延伸至任何长度，且不影响缝型本身的结构。"无限"边缘通常用波浪线形表示。边缘无限的缝料，无论其宽度如何改变，都不会影响其所属的缝型类别。

"有限"是指缝料的一端或两端的边缘宽度有一定的规格。通常情况下，这个宽度是按照既定的规格来限定的，"有限"边缘通常用直线表示。当"有限"边缘长度改变，如缝料延长时，原有缝料所属的缝型类别也会改变。

2．缝型分类

根据国际标准，缝型按所缝合的衣片数量及配置方式共分成8类。缝型的编号通常用五位阿拉伯数字表示，第1位数字表示该缝型所属类别；第2位、第3位数字用于表达缝料的排列形态，通常用01、02、…、99表示；第4位、第5位数字用于表示缝线穿刺布片的部件和形式，有时也表示缝料之间的位置排列关系。

二、基本缝型及其缝制

1．平缝

平缝如图4—5所示，把两层衣片正面相叠，沿着所留缝头进行缝合，一般缝头宽为1 cm左右。平缝用于衣片拼接。

2．分缝

分缝如图4—6所示，两层衣片平缝后，毛缝向两边分开，用于衣片的拼接。

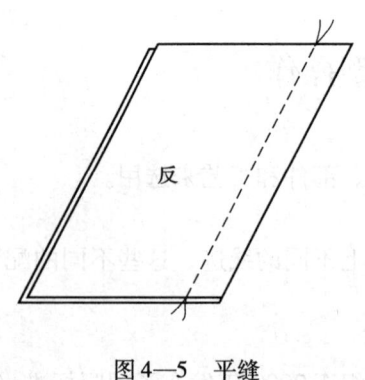

图4—5　平缝

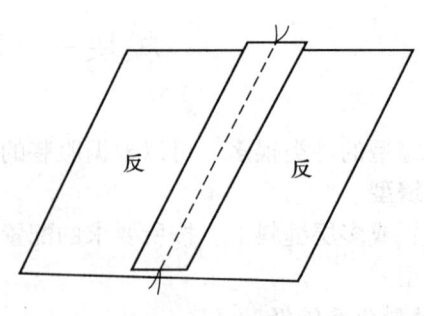

图4—6　分缝

3. 分缉缝

分缉缝如图 4—7 所示,两层衣片平缝后分缝,在衣片正面两边各压缉一道明线。用于衣片拼接部件的装饰和加固。

4. 坐倒缝

坐倒缝如图 4—8 所示,两层衣片平缝后,毛缝单边坐倒。用于夹里与衬布的拼接。

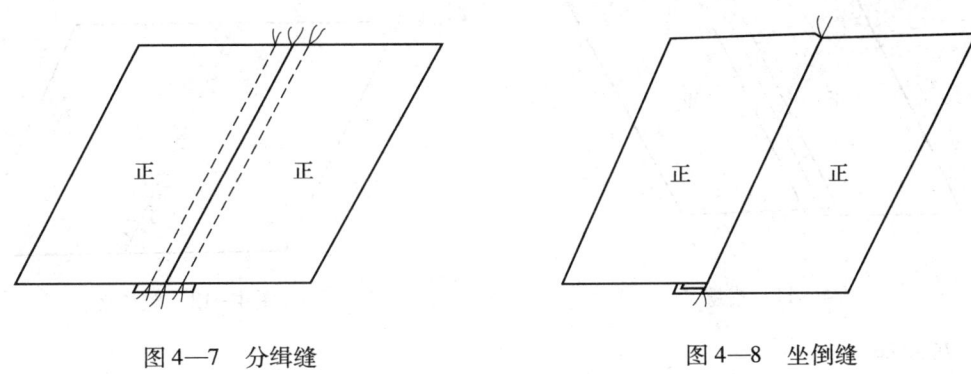

图 4—7　分缉缝　　　　　　图 4—8　坐倒缝

5. 坐缉缝

坐缉缝如图 4—9 所示,两层衣片平缝后,毛缝单边坐倒,正面压一道明线。用于衣片拼接部件的加固。

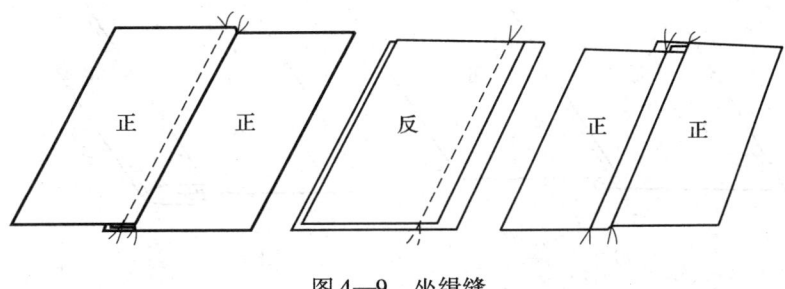

图 4—9　坐缉缝

6. 分坐缉缝

分坐缉缝如图 4—10 所示,两层衣片平缝后,一层毛缝坐倒,缝口分开,在坐缝上压缉一道线,起加固作用,常用于裤子后裆缝等部件。

7. 搭缝

搭缝如图 4—11 所示,两层衣片缝头相搭 1 cm,居中缉一道线,使缝子平薄、不起梗。用于衬布和某些需拼接又不显露在外面的部件。

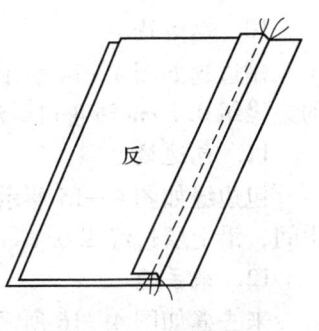

图 4—10　分坐缉缝

8. 对拼缝

对拼缝如图 4—12 所示，两层衣片不重叠，对拢后用 Z 形线迹来回缝缉，此缝比搭缝更平薄，适用于衬布的拼接。

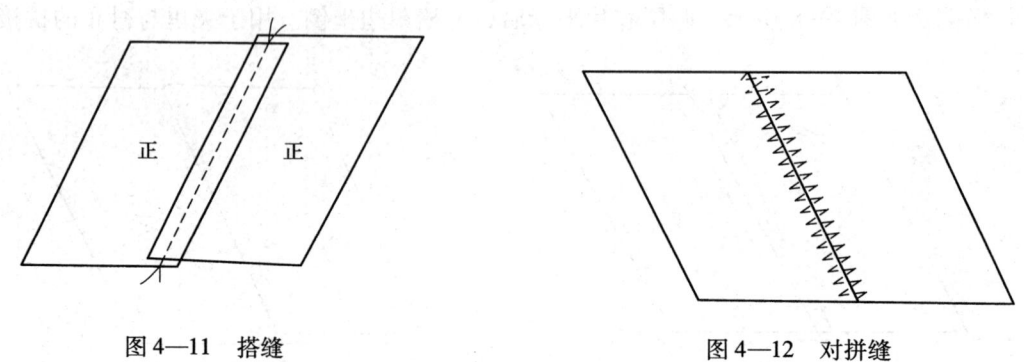

图 4—11　搭缝　　　　　　　　图 4—12　对拼缝

9. 压缉缝

压缉缝如图 4—13 所示，衣片缝口折光，盖住下层衣片缝头或对准下层衣片应缝的位置，正面压缉一道明线，用于装袖衩、袖克夫、领头、裤腰、贴袋或拼接等。

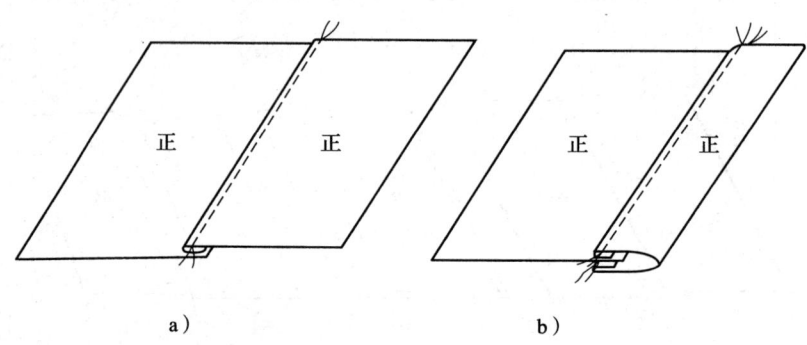

a)　　　　　　　　　　b)

图 4—13　压缉缝

10. 贴边缝

贴边缝如图 4—14 所示，及片反面朝上，把缝头折光后再折转一定要求的宽度，沿贴边的边缘缉 0.1 cm 清止口。注意上下层松紧一致，防止起涟形。

11. 包边缝

包边缝如图 4—15 所示，把面料两边折光，折烫成双层，下层略宽于上层，把衣片夹在中间，沿上层边缘缉 0.1 cm 清止口，把上、中、下三层一起缝牢。用于装袖衩、裤腰等。

12. 来去缝

来去缝如图 4—16 所示，两层衣片反面相叠，平缝 0.3 cm 缝头后把毛丝修剪整齐，翻转后正面相叠合缉 0.6 cm，把第一道毛缝包在里面。用于薄料衬衫、衬裤等。

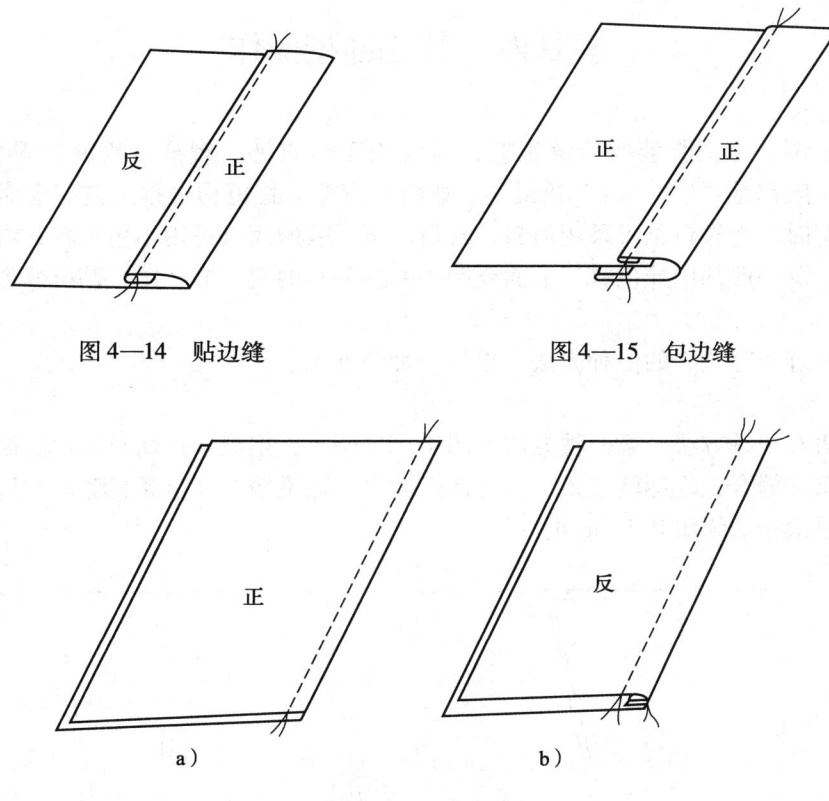

图 4—14 贴边缝　　　　图 4—15 包边缝

a)　　　　b)

图 4—16 来去缝

13. 明包缝

明包明缉呈双线。如图 4—17 所示，两层衣片反面相叠，下层衣片缝头放出 0.6 cm 包转，再把包缝向上层正面坐倒，缉 0.2 cm 清止口。用于男式两用衫、夹克衫等。

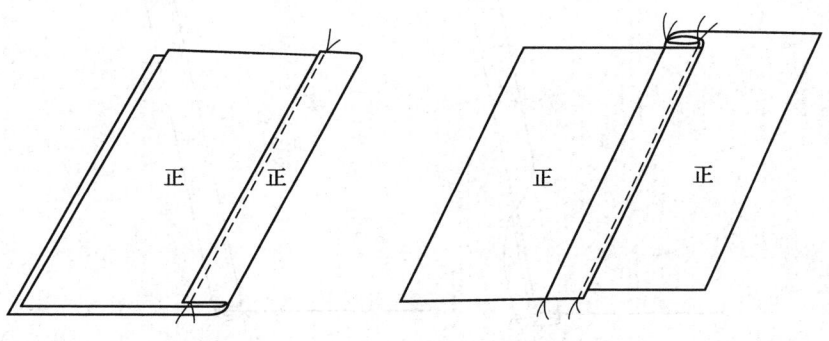

图 4—17 明包缝

模块四　其他缝型操作

滚、嵌、镶、荡是服装的传统工艺，最常用于睡衣裤、旗袍、童装等服装。滚、嵌、镶、荡用料一般都是斜丝，以45°角最佳。取料的宽窄、长短均根据工艺需求而定。当被装饰边为直线型时，为省料也可采用横料、直料。滚、嵌的用料可用本色本料、本色异料或异色料等，镶、荡一般都用异色料。下面介绍一些最基本的滚、嵌、镶、荡机缝方式。

一、滚

滚既是处理衣片边缘的一种方法，也是一种装饰工艺。

1. 明线滚边

明线滚边有两种方法。第一种方法如图4—18所示，把滚条正面与衣片反面相叠，按滚边的宽度要求先缝合，再翻转滚条，扣光滚条的另一边毛缝，将滚条包紧衣片边缘，盖住第一道缉线并沿滚条边缘缉0.1 cm止口。

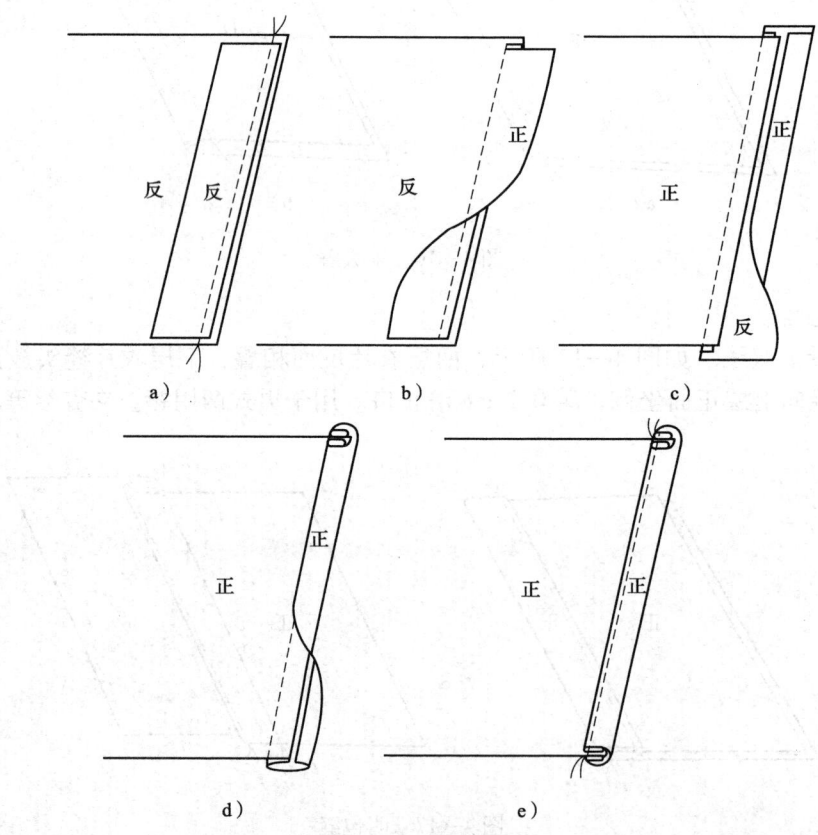

图4—18　明线滚边1

明线滚边的第二种方法如图 4—19 所示，把滚条正面与衣片正面相叠，按滚边的宽度要求先缝合，再翻转滚条，包紧衣片边缘，在正面滚边上缉 0.1 cm 清止口，也可以在滚边外口缉 0.1 cm，形成双止口。这种滚边常用于大衣的底边滚边。

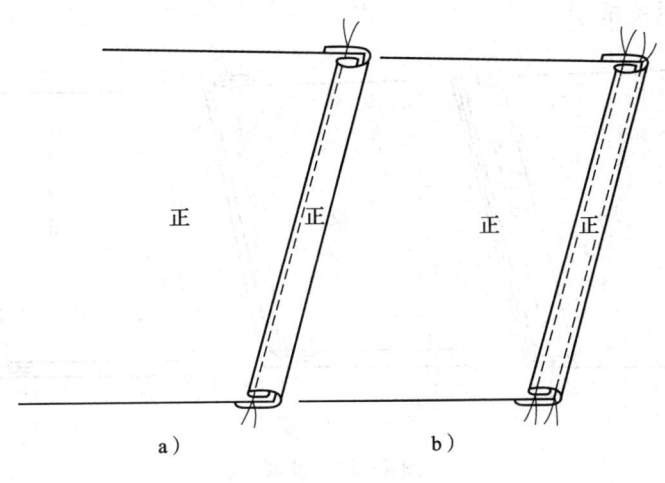

图 4—19　明线滚边 2

2. 暗线滚边

暗线滚边如图 4—20 所示，把滚条正面与衣片正面相叠后缝合，滚条翻转，包紧衣片边缘，滚条扣光毛缝后再用手工绞牢；或在正面沿滚边缉别落缝，将反面滚条缉牢。有夹里时，或对高档服装的挂面、底边毛口滚边时，反面毛缝可以不扣光。

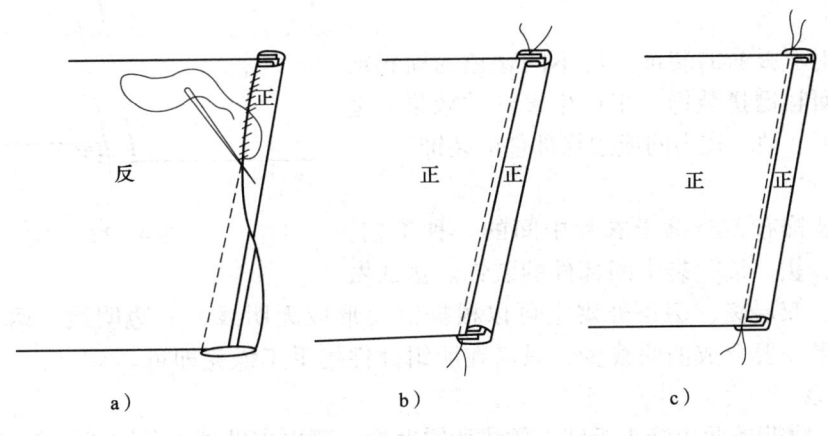

图 4—20　暗线滚边

二、嵌

嵌是一种装饰工艺。嵌按缝装的部件分为外嵌和里嵌。外嵌装在领、门襟、袖口等止口外。里嵌装在滚边、镶边、荡条等里口或衣片的分割缝中。

1. 外嵌

外嵌如图4—21所示，把嵌条朝里对折，与外层衣片外口正面相叠，按嵌线要求的调度先缉上外层衣片固定后，再与里层衣片正面相叠，紧沿第一道缉线里口缉线，将里外层衣片都翻到正面，外嵌就完成了。

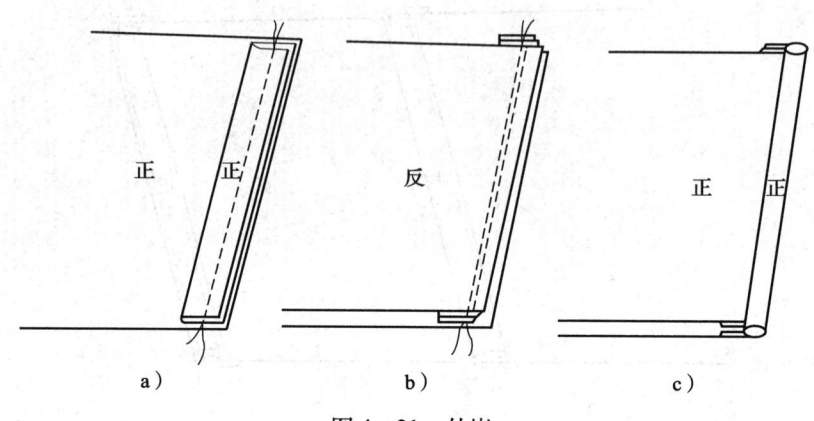

图4—21 外嵌

2. 里嵌

里嵌如图4—22所示，如果上层衣片是开刀分割的外层衣片两部分，那么就可以形成里嵌了。嵌条内还可衬有线绳，使其更具立体感，装饰效果更佳。

三、镶

镶一般用于服饰的装饰。用不同颜色的面料或不同质地的面料镶拼装饰，来产生设计的效果。适用于衣身、领、袖、袋中间或边缘部件的装饰。

四、荡

荡是用装饰布条悬荡于衣片中间的一种工艺，适用于衣身、领、袖、袋中间部件的装饰。荡的做法有单层荡、双层荡，荡条外观上可以根据需要形成无明线、一边明线、两边明线等不同形式。如果需要形成的明线少，只需在明缉部件用手工缲完即可。

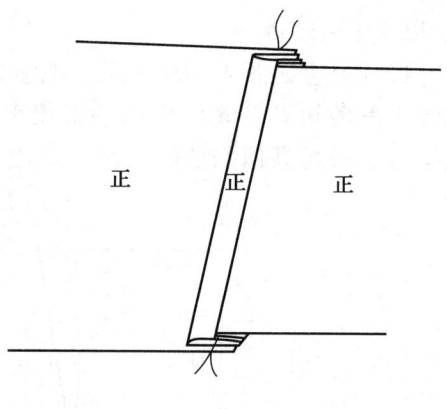

图4—22 里嵌

1. 单层荡

方法一：将荡条两边缝头折转，烫成所需宽度。可以借助硬纸条熨烫，考虑到硬纸条有厚度，所以宽度可以配小 0.1 cm 或 0.2 cm。将荡条压缉到所需要的部件，两边均为 0.1 cm 止口。

方法二：先将荡条一边缝头折转烫倒（见图4—23a），再将荡条毛缝一边先缉上衣片（见图4—23b），最后再压缉另一边止口（见图4—23c）。

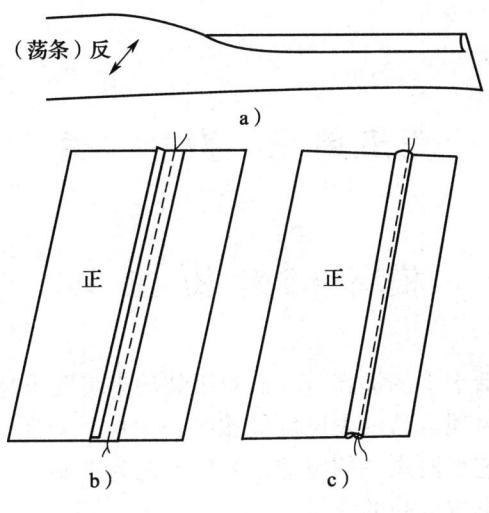

图 4—23 单层荡

2. 双层荡

将荡条向里对折（见图 4—24a），再将荡条双层毛缝一边先缉上衣片（见图 4—24b），最后再压缉另一边连折止口（见图 4—24c）。

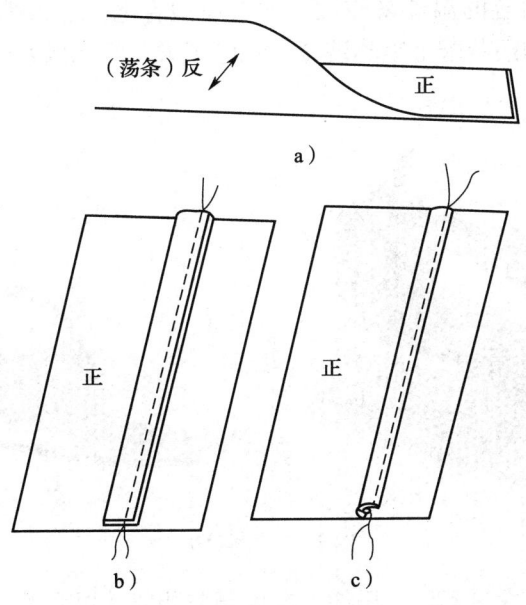

图 4—24 双层荡

第五单元 熨 烫

模块一 熨 烫 工 具

随着人们物质文化生活水平的提高,人们对服装的审美要求越来越高,每个人都希望能穿上件舒适、合体、充分体现自己仪表风度的服装,由此,对服装的立体造型越来越重视。作为体现服装立体造型工艺手段之一的熨烫工艺显得尤为重要。熨烫是服装缝制工艺的一道重要工序,熨烫质量直接影响成品的质量。

一、电熨斗

电熨斗是平整衣服和布料的工具,如图5—1所示。电熨斗功率一般为300~1 000 W。电熨斗的类型可分为普通型、调温型、蒸汽喷雾型等。普通型电熨斗结构简单,价格便宜,制造和维修方便。调温型电熨斗能在60~250℃范围内自动调节温度,能自动切断电源,可以根据不同的衣料采用适合的温度来熨烫,比普通型省电。蒸汽喷雾型电熨斗既有调温功能,又能产生蒸汽,有的还装配上喷雾装置,免除了人工喷水的麻烦,而润湿更均匀,熨烫效果更好。

 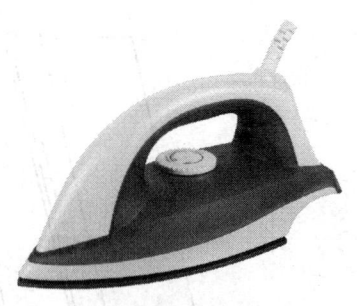

图5—1 电熨斗

电熨斗主要由底板、发热元件、压铁、温度调节装置、罩壳等部分组成。底板用铸铁或铝合金制成,发热元件有的是云母骨架式,用PTC元件作为发热体,既省电,又能自动调温,避免了老产品采用双金属片制成的调温器温控质量不可靠的问题。电熨斗的种类有很多,各类电熨斗都具有四大基本部件:底板、电热元件、外壳与手柄,如图5—2所示。

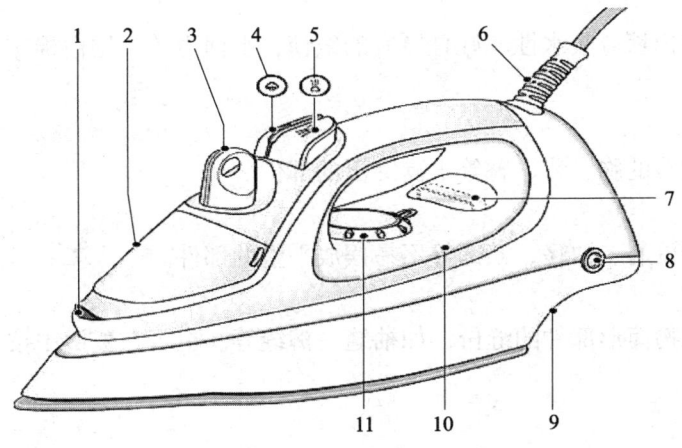

图 5—2　电熨斗结构
1—喷雾嘴　2—注水口盖　3—蒸汽控制
○ = 无蒸汽　 = 最小蒸汽量　 = 最大蒸汽量　● = 除水垢功能
4—蒸汽束喷射按钮　5—喷雾按钮　6—电源线　7—防水垢片
8—温度指示灯　9—型号牌　10—水箱　11—温度旋钮

1．底板

底板的作用有三点，第一是熨压衣物的工作平面，第二是储存热量，第三是连接和支撑其他部件。由于底板在工作中与衣物直接接触，故要求底板的工作面很平、很光滑。为了获得均匀的温度分布，底板的材料也很重要，常用的底板材料有铸铁和铝合金两种。

2．电热元件

电熨斗中常用的电热元件有开启式片状电热元件、封闭式管状发热元件、双金属片型电热元件三种。

3．外壳与手柄

电熨斗外壳一般用 1 mm 左右的薄钢板冲压成型，然后进行打磨、电镀等工艺。外壳的作用是将电热元件及其他带电部分罩在内部，同时也起装饰作用。

二、其他熨烫工具

1．烫台

烫台是与熨斗配合使用、共同完成服装熨烫作业的设备，配有不同形状的布馒头，可组成具有各种特殊功能的专用熨烫台。现代工业生产中的烫台多为真空烫台，可使熨烫后的衣物迅速干燥、冷却。

2．水布

水布在熨烫时用于盖在面料之上，以防面料烫脏、烫黄或烫出极光。一般常用退过浆的白棉布制成。

3. 垫呢

垫呢一般采用棉毯或吸水性较好且厚实的线毯，上面再盖一层白棉布作为垫布。熨烫时垫在衣物下面。

4. 布馒头

常用于熨烫服装的胸、背、臀等丰满突出的部件。

5. 铁凳

熨烫中常用于烫肩、袖窿、裆部等不易摆放平整的部件。

6. 拱形烫木

多用于分烫衣物筒形部件的缝份，如袖缝、裤缝等。也可在熨烫中按压缝份，使缝口薄而平整。

模块二　熨烫要素

熨烫就是通过温度、水分、压力、时间、冷却五要素的结合，对衣物进行热定型，其最大作用是使衣服平整、挺括，由于熨烫温度高，还有杀菌的作用。熨烫是日常生活中人们应当学会的一种技能。

一、温度

熨烫既然是热定型，那就离不开温度。一根很细的服装纤维，是由许多像链条那样的长长的大分子组成的，有伸直的，也有卷曲的，还有的相互缠结在一起。在普通温度下，分子链是静止的，而一旦达到适当的温度，分子链就要开始重新组合活动。熨烫温度是由衣料的性质来决定的，并非越高越好，每种纤维超过一定温度后，就会熔化或炭化，服装也就损坏了。但对同一种纤维组成的衣料来说，质地厚的，熨烫温度可适当高些，质地薄的，温度相对要低一些。

二、水分

熨烫衣服光靠温度是不行的，温度一高，容易把衣服烫焦，所以还要有水分。衣服在遇到水后，纤维就会润湿、膨胀、伸展，在热的作用下容易定型。对薄型的棉、麻、丝绸、人造丝和合成纤维衣料，可以在熨烫前喷上水或洒上水，过半小时后再熨烫。厚型的衣服，如呢绒、人造毛、腈纶等衣料，因质地厚实，熨烫时水量就要多一些，用喷水或洒水不能解决问题，应垫湿布熨烫。湿布在熨斗的高温下产生的水蒸气渗透到衣料纤维内部，使其湿润，就容易烫平了。熨斗在湿布上熨烫，动作要慢，如果熨斗走快了，一部分蒸汽还未进入纤维内部就上升跑掉了，使纤维润湿不充分。只有熨斗走慢，把蒸汽焖在纤维内，才能达到好的熨烫效果。熨斗在湿布上运行时，有时湿布会粘在熨斗上跟着移动，尤其在熨斗温度较低或湿布脏了时，这种情况更明显。此时要把熨斗稍往后退一下，再向前推，湿布就不粘了。熨斗底部的水锈要常擦，湿布勤洗勤换，熨烫时发黏的现象就减少了。

三、压力

有了水和温度后,还需要压力的作用,才能迫使纤维按照操作者的意愿来定型。在一定的温度和适当的湿度下,给熨斗施加一定方向的压力后,就可迫使纤维进一步伸展,或折叠成所需要的形状,使纤维分子往一定的方向移动。当温度下降后,纤维分子在新的位置上固定下来,不再移动,衣服也就烫成所需要的样子了。

四、时间

由于织物导热性差,只有时间才能使织物受热达到一定的要求,使其变形。延续加温将织物附加的水分完全烫干、蒸发,才能使织物的变形不还原。

各类布料的熨烫温度、时间及熨烫方法见表5—1。

表5—1　　　　　各类布料的熨烫温度、时间及熨烫方法

衣料名称	熨烫温度（℃）	原位熨烫时间（s）	熨烫方法
尼龙	60~100	3~5	干烫
丝绸	130~160	3~4	干烫
绒布	135~160	3~5	喷水熨烫
印花布	160~180	3~5	喷水熨烫
全棉府绸	160~190	3~5	喷水熨烫
华达呢	170~190	5	喷水熨烫
灯芯绒	140~170	4~5	盖湿布熨烫
劳动布	150~190	5~10	喷水熨烫
漂布	135~160	3~4	盖湿布熨烫
全毛呢绒	180~190	10	盖湿布熨烫
粗厚呢	180~190	10	盖湿布熨烫
涤纶	140~170	3~5	喷水熨烫
锦纶	90~120	5	喷水熨烫
维纶	110~140	3~5	喷水熨烫
腈纶	140~160	5	喷水熨烫
棉布	190~210	3~5	喷水熨烫
羊毛	160~190	3~5	喷水熨烫
细麻布	210~230	5	干烫
卡其布	170~200	5	喷水熨烫

五、冷却

温度、湿度、压力、时间等条件能使衣服达到预期的变形,但衣物的定型并不是在加热过程中产生,而是在冷却后实现的。手工熨烫一般使用自然冷却。

模块三　熨烫技法

服装三分在做，七分在烫。一件衣服，必须通过整烫，才能够饱满、挺阔、平整，穿在身上才会有立体感。任何一件服装只有经过熨烫后，才能整齐美观。在服装缝制过程中，熨烫更加重要，熨烫技术直接影响缝制服装的质量和外观。

一、熨烫种类

1. 推烫

推烫是运用熨斗的推动压力对衣物进行熨烫的一种方法。对于熨烫的织物面积较大又是轻微的折皱并可平展的部件，常运用推烫的方法。

2. 注烫

注烫是利用熨斗尖部件置对衣物上某些小范围进行熨烫的方法。在操作时，提起熨斗底后部，用熨斗尖部件置熨烫衣物纽扣和某些饰物的周边地区。

3. 托烫

对于某些衣物不规则的部件，在熨烫时不能放在烫台上熨烫，而必须用在"棉枕头"上托着进行熨烫的方法，称为托烫。肩部、领部、胸部、被子或一些裙子的折边应运用托烫。

4. 侧烫

对于衣物上的筋、裥、缝等部件，在熨烫时要做到不能影响衣物上的其他部件，就必须应用熨斗的侧面，侧着熨烫，这种方法称为侧烫。

5. 焖烫

运用熨斗的重点压力或加重压力，缓慢地对织物进行熨烫，使之平服、挺括，这种方法称为焖烫。焖烫主要针对衣服上的领子和袖子部件。

二、服装熨烫的工序

1. 确认纺织面料

熨烫服装时，最先要解决的问题是确认服装的面料，在棉、麻、丝、毛、化纤或混纺纤维中属于哪个种类，能承受的温度是多少。掌握服装整形要求、不同款式的形态要求，在服装的整烫中，必须按照基本的形态要求进行操作，例如男式和女式西装的形态区别，各种衬衫或大衣的形态要求不同等。只有掌握整形要求，才能使整烫出的服装满足不同体型。

2. 提供热能

服装的熨烫过程中，热能的掌握相当重要。加热方法一般有电加热和蒸汽加热两种。电加热作为服装熨烫中的提供热能方式已逐渐被淘汰。湿蒸汽作为在熨烫中传导热量的媒介，把热量有效地输送到服装面料内，对服装面料的表面不会产生影响，蒸汽作用于服装，使面料获得热能并被加湿，促使服装面料达到变形的基本条件。供给蒸汽时，要因物而异。不同的面料或不同款式的服装，需供给不同数量的蒸汽，以达到熨烫预定的目的。

3. 服装成型

服装面料受到热能和湿度的作用，自身已具备形变的条件，此时，可根据服装形态要求，对需要熨烫整形的部件，利用人工或机械设备，施加一定的压力或拉力，熨烫出符合设计的形态。

4. 干燥定型（抽湿）

服装经过熨烫成型后，实现了需要的形态，但是，要使形状固定，还需要进行快速的抽湿降温，使服装面料冷却干燥，自然成型。

5. 保形存放

成型后的服装在存放时要采用相应的保形手段，如采用悬挂保存等，以免破坏服装的成型效果。

三、熨烫技巧

手工熨烫的各种技巧概括起来共有16个字，即快、慢、轻、重、归、拔、推、送、焖、蹲、虚、拱、点、压、拉、扣。

1. 快

轻薄的成衣在熨斗温度高时，熨烫的速度要快，不可多次重复熨烫，因为有些成衣熨烫不能超出布料的耐热度。当熨斗加热超出所需的温度或时限时，布料强度就会下降，易被烫坏或烫出极光，只有加快熨烫才能克服这些缺点。

2. 慢

对于成衣较厚的部件，如驳头、贴边等，熨烫时要放慢速度，要烫干、烫平，否则这个部件会回潮，达不到硬挺的效果。

3. 轻

对于各种呢绒成衣或布料很薄的成衣一定要轻烫，以便于绒毛能够恢复原状。

4. 重

成衣的主要部件通常是很关键的部件，这些部件的特殊要求是挺括、耐久不变形，因此对这些部件只能重压才能烫好，达到定型的目的。

5. 归

成衣在加工过程中，为使平面的衣身变得符合人体造型，有些部件要在服装制造前，做暂时的定型处理。例如：人体凸出的部件四周，相对来说是属于较平坦或凹势的，应将其直、横丝归烫成能够凸出的部件的胖势或弯形，才能更符合人体的体型特点。

6. 拔

拔和归是相互联系的，有些部件，如后背的肩胛骨部，只有运用拔的手法才能使这些部件符合人体的要求。

7. 推

推是归拔过程中一个特定的手法，也就是将归拔的量推向一定的位置，使归拔周围的丝缕平服而均匀。

8. 送

送是指将归拔部件的松量结合推的手法，将其送向设定的部件给予定位。例如：腰吸部件的凹势只有将周围松量推送到前胸才能达到腰部的凹势、胸部的隆起，使服装凹凸曲线的立体感更加明显。

9. 焖

在服装较厚的部件也是需水量大的部件，必须采用焖的方法，即将熨斗在这个部件做一段时限的停留，才能保持上下两层布料的受热均衡。

10. 蹲

有些服装部件，如裤襻，出现褶皱后不易烫平，此时将熨斗轻轻地蹲几下可以达到平服贴体的目的。

11. 虚

在制作过程中，一些部件属于暂时性定型或毛绒类的成衣要虚烫，只有通过虚烫才能保持款式窝活的特点。

12. 拱

有些部件，如裤子的后裆缝，不能直接用熨斗的整个底部熨烫，此时只有将熨斗拱起来，才能把缝位劈开、压平、烫煞。

13. 点

在服装加工过程中有些部件不需要重压和蹲的方法，采用点的手法可减少对成衣的摩擦，彻底克服熨烫中的极光现象。

14. 压

成衣熨烫定型时，许多部件需给予一定的压力，使其变形，才能达到定型的目的。

15. 拉

在服装熨烫时，除了右手使用熨斗外，还应注意左右手要相互配合，有些部件要适当地用左手给予拉、推、送，才能更好地达到熨烫成型的效果。例如：裤腿的侧缝起吊，单靠熨斗来回走动不能解决做工中的不足，只有用手适当拉伸配合熨烫，才能达到平服的目的。

16. 扣

扣是指成衣加工过程中有些部件利用手腕的力量将丝缕窝服，使这些部件更加平服贴体。

第六单元 特种工艺操作

模块一 包 缝

一、包缝机

包缝机也称打边车、码边机及骨车,如图6—1所示,主要功能是防止服装的缝头起毛。包缝机的裁与缝纫可同时进行,包缝线迹如同网眼,不仅适用于非弹性面料,也适用于弹性面料。包缝机不仅能够用于包边,还能用于缝合T恤、运动服、内衣,用于针织等面料。包缝线迹可分为单线、双线、三线、四线、五线等。

图6—1 包缝机

单线包缝为单针一线线迹,主要用来缝制毯子边。

双线包缝为单针双线线迹,主要用来缝制弹性大的部件,如弹力衫底边。

三线包缝为单针三线线迹,是普通针织服装常用线迹,通常用于一些档次不高的服装衣片的缝合。

四线包缝是双针四线线迹,比三线包缝增加了一根针线,强力有所提高,用于档次较高服装的衣片缝合或受拉伸较多、摩擦较强烈的部件,如合肩、合袖等,特别是外衣的缝制。

五线包缝是双针五线线迹,其线迹的牢度和生产效率进一步提高,弹性比四线包缝更好,常用于外衣和补整内衣的缝制。

二、穿线

穿线方法如图6—2所示,可用不同颜色的线分别穿直针、上弯针和下弯针。

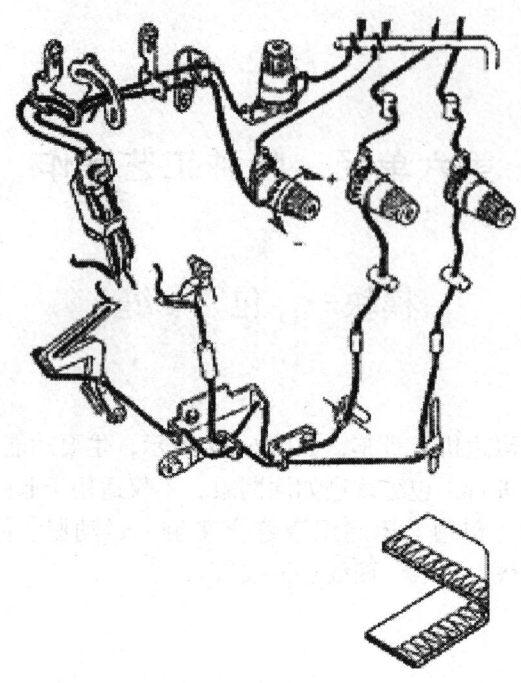

图 6—2　包缝机穿线

三、线迹密度、包边宽度和差动送料的调整

1. 线迹密度的调整

左手拇指按住线迹密度调节按钮，右手转动传送带轮，直至按钮轴端进入送布凸轮缺口。此时凸轮已被卡住。继续转动带轮，让带轮上的刻线对准机座上的标记。带轮上刻线的数字大表明针迹稀，数字小表明针迹密。通过正反转动带轮，可调节线迹密度。

2. 包边宽度的调整

先旋松上刀架压紧螺钉，再旋松下刀架紧定螺钉，把上下刀架向右移动则包边缝变宽，向左移动则包边缝变窄。

3. 差动送料的调整

旋松差动送料调节螺母，把调节杆向上移，则差动幅度增加，向下移则差动幅度缩小，螺母处于刻度"0"时为标准送料。

四、上下刀的修磨和安装

1. 上下刀的修磨

用砂轮修磨下刀口的磨损处，保持原刀口的角度，注意刀口不要被退火，修磨后用细油石平贴磨去刀口毛边。上刀口一般用特种钢制成，不用修磨。

2. 上下刀的安装

如图 6—3 所示，下刀装定时，刀口应与针板上平面相平，上下刀侧面要紧贴，上刀运行到最低时，上下刀应有 0.5～1 mm 的交叠量。

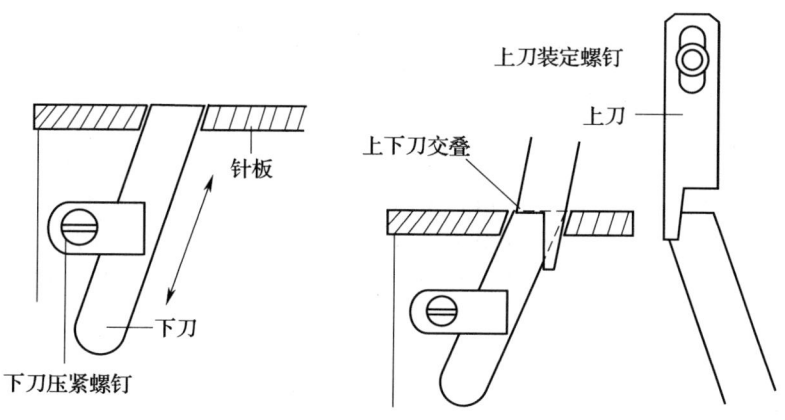

图 6—3　包缝机上下刀的安装

五、直针和上下弯针的配合调整

如图 6—4 所示，直针最低时，下弯针针尖距直针 3.5~4 mm，旋松下弯针臂固紧螺钉，左右移动弯针臂，使弯针针尖距直针 3.5~4 mm。

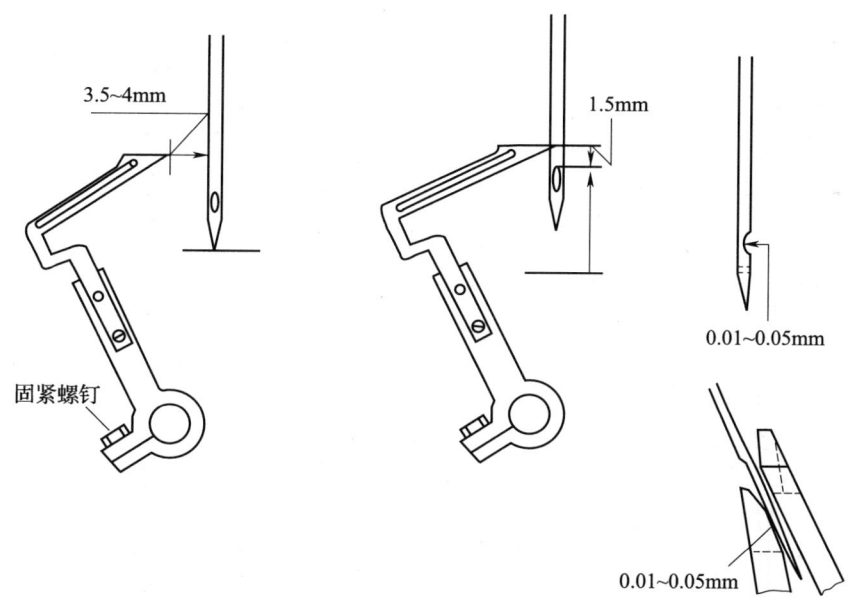

图 6—4　包缝机直针和上下弯针

直针向上运行、下弯针向右摆，下弯针针尖到达直针中线时应处于直针孔上沿 1.5 mm 处，间隙 0.01~0.05 mm。

模块二 双针平缝

一、双针平缝机

双针平缝机即双针平车针送缝纫机，如图6—5所示，一般采用滑动式的挑线杆、水平旋梭；缝目设定精确，大小可自由调整；可简易与快速地更换针位组；具有倒缝装置，操作简便；采用新型的润滑系统（自动给油设计），运转时平顺无噪声，易于操作保养。

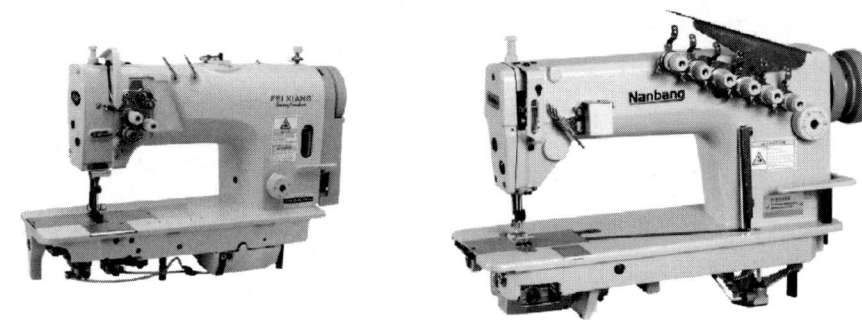

图6—5 双针平缝机

二、针位更换

1. 针位更换配件

双针平缝机的针位规格以英寸为单位，有 1/8 in、3/16 in、1/4 in、5/16 in、3/8 in、1/2 in 等规格，每一规格都有一整套配件，更换针位时，这些配件都必须更换，包括针夹、压脚、针板、送布牙（见图6—6）。

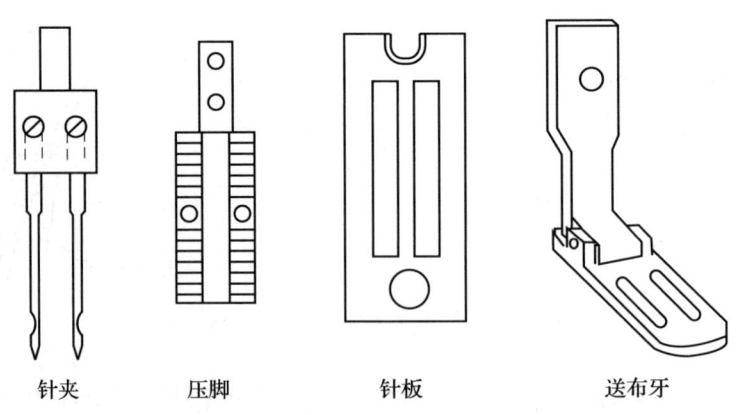

图6—6 双针平缝机针位更换配件

2. 针位更换步骤（见图6—7）
(1) 拆下针夹、压脚、针板、送布牙。
(2) 旋松旋梭安装架紧固螺钉，旋松下轴斜齿轮紧固螺钉。
(3) 装上新的针夹和机针。
(4) 移动安装架，调整旋梭勾线尖与直针的配合，紧固旋梭架；紧固安装架。
(5) 装上新的送布牙、针板、压脚。
(6) 试缝。

三、直针与旋梭的配合

当直针从最低点回升 2.2 mm 时，二旋梭尖应到达直针中心线，且处于直针孔上沿 1.2~2 mm 处，直针与旋梭间的间隙为 0.01 mm，如图 6—8 所示。

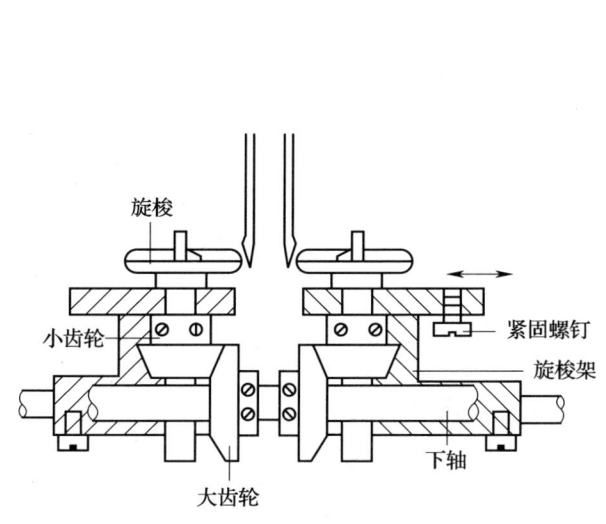

图 6—7 双针平缝机针位更换结构

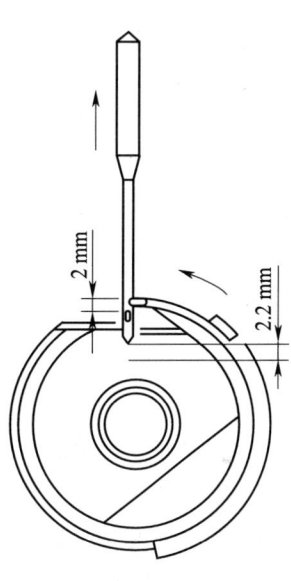

图 6—8 双针平缝机直针与旋梭结构

模块三 电脑平缝

一、电脑平缝机

电脑平缝机是借助计算机系统进行操作的平缝机，是集光、电、磁为一体的典型机电一体化产品，如图 6—9 所示。电脑平缝机可以实现自动剪线、自动倒缝、自动挡线、自动抬压脚、机针定位停车、定长缝纫、自动计数等多项功能的集成、扩展与优化。其优势是节能、高效、优质、环保和适用性强。

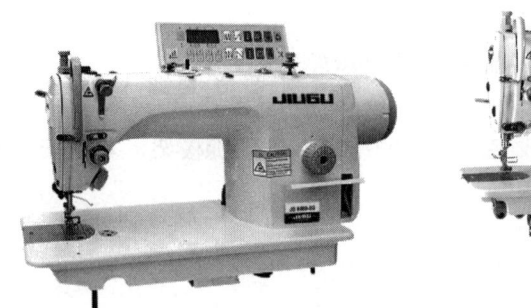

图 6—9　电脑平缝机

二、踏脚板的操控

通过踏脚板的拉动，控制内转臂的摆动，令臂头上的磁头在不同的位置切割电位器，从而输出不同的电信号，经中心控制器处理后，输出电压，控制传动摩擦片和制动块的动作，从而使机器高速、慢速运转或停针。

踏脚板的动作区域分别处于四个状态。

1. 中立

踏脚板未经踩踏时，机器处于下停针、上停针，或设定的关机状态。

2. 浅前踏

脚尖向下轻踩踏脚板时，机器处于慢速运转状态。

3. 深前踏

完全向下压下踏脚板时，机器处于高速运转状态。

4. 逆踏

脚跟后压踏脚板时，机器会自动倒回针、剪线，上停针（如已设定）。

三、操作板的使用

各生产厂家生产的电脑平缝机的按钮图标和位置都有所不同，但基本功能都相同，其显示屏设定见表6—1。

表 6—1　　　　　　　　　　　操作板显示设定

序号	功能	图标
1	自动剪线或不剪线	

续表

序号	功能	图标
2	下停针、上停针	
3	起步倒回针	
4	终缝时倒回针	
5	五列倒回针（起缝时）	
6	缝制方框型线缝	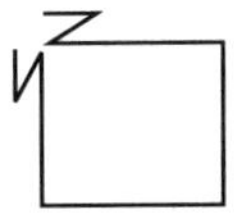

模块四　钉　　扣

一、钉扣机

钉扣机是专用的自动缝纫机型，如图6—10所示，其按规定的缝迹完成指定的送料过程，完成有规则形状纽扣的缝钉和有"钉、滴"缝纫工艺的作业，如钉商标、标签、帽盖等。最常用的是圆盘形二孔或四孔纽扣（又称平扣）的缝钉。通过各种专用钉扣机附件的替换，一台钉扣机可以缝钉带柄扣、金属扣、子母扣、缠脚扣、风纪扣等各类纽扣，用户可根据需要请设备供应商提供钉扣机的专用附件。不同的钉扣机对于不同的纽扣有不同的缝迹，对于常用的四眼平扣有四种缝迹。

图 6—10 钉扣机

二、直针与线钩的配合

1. 配合要求（见图 6—11）

（1）直针应对准线钩轴的中心刺下。

（2）直针从最低点回升 3~3.5 mm，线钩尖到达直针中心线。

（3）线钩尖距直针孔上沿 1 mm，间隙为 0.05 mm。

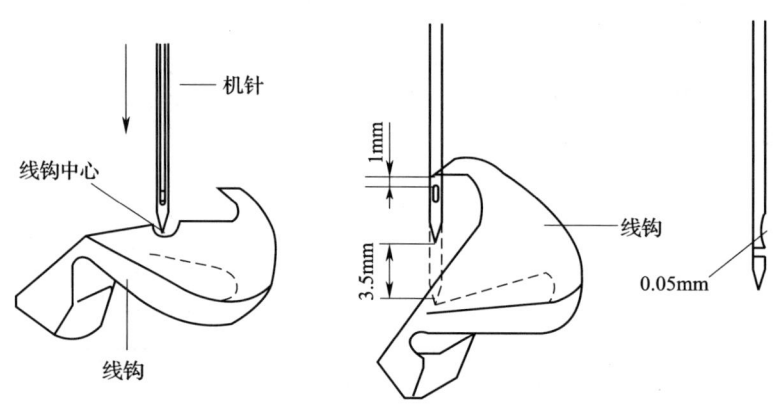

图 6—11 直针与线钩配合

2. 直针与线钩调整方法

方法一：旋松线钩摆动轴拉杆紧固螺钉，左右移动线钩轴，使线钩中心对准直针尖。

方法二：旋松线钩支紧螺钉，调节线钩，使直针从最低点回升 3~3.5 mm，线钩尖到达直针中心，直针与线钩的间隙为 0.05 mm。

方法三：直针最低时，针孔与线钩中心凹处相平，旋松针杆夹紧螺钉，调节针杆的高低。

三、起止动机构的调整

要使机器顺利完成一个周期的工作，起止动机构工作的状态起到关键的作用。从踩下启动踏板、机器工作后，直至停车，中途不应有停针现象。止动时，冲击力要小，针杆到位。如果停车冲击力大，则会造成各种机构配合的移位，特别是蜗杆、蜗轮机构的移位，以及机针摆动时间的错误，导致机器不能正常工作。如果停针不到位，则线钩不到位，线钩上的线没被分开，抬压脚时，割线刀割不到缝线，下一个纽扣就不能正常缝钉。

起止动机构的调整方法如图6—12所示。

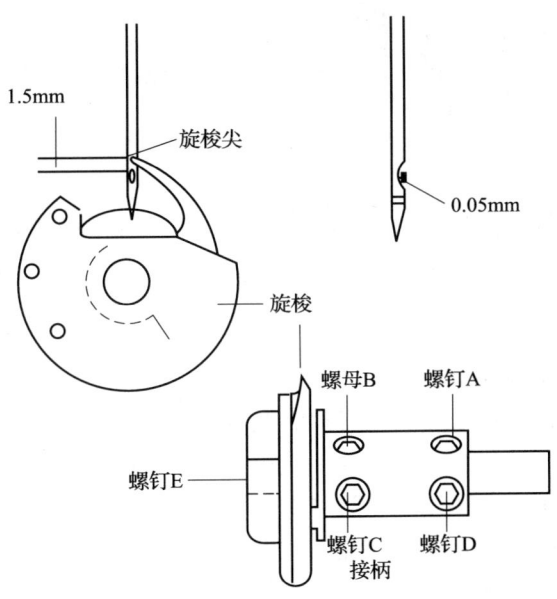

图6—12　起止动机构的调整

（1）旋松启动架上的离合板紧固螺钉A及螺母B，调节螺钉C，使离合板对带轮保持适当的压力，螺钉C顺时针方向旋，压力减少，反之则大。

（2）机器在启动状态下，旋松螺钉D，调节止动皮块与启动轮的间隙，使机器止动时，冲击力小，停车到位。

（3）旋松螺钉E，踩下启动踏脚板，当离合板的斜面高端压住钢珠时，让吊钩正好勾住调节板，旋紧螺钉E。然后放松踏脚板，此时启动架不应有回摆现象。

模块五　锁　　眼

一、锁眼机

锁眼机是服装机械中非常重要的一种设备，主要用于加工各类服饰中的纽孔，如图6—13所示，分为平头锁眼机和圆头锁眼机，又分收尾和不收尾两种。其中圆头锁眼机是一种专用于缝锁中厚料服装纽孔的工业缝纫机。所谓圆头是指缝锁的纽孔前端呈圆形。其特点是纽孔形状美观,线迹均匀结实。

a)平头锁眼机

b)圆头锁眼机

图6—13 锁眼机

二、平头锁眼机的使用

1. 平头锁眼机工作调整方法

(1) 根据纽扣的大小选择刀片,使刀片的宽度略大于或等于纽扣的直径。

(2) 根据刀片的大小调节横列的长度,使第一套结缝线迹靠近刀缝又不被切掉。

(3) 根据横列的长短选择适当的针数变换齿轮,使扣眼的针迹密度适中。变换齿轮是成对配合使用的,与蜗轮同轴的齿轮(靠近操作人员的齿轮)越大,则针迹越稀,另一个齿轮上的数字则表明此时纽缝的针数。

(4) 试缝,检查纽缝的整体形状、左右横列在刀缝边的分布、试扣的感觉。

2. 调节螺钉的使用(见图6—14)

(1) 螺钉A——调节左横列的左右位置。旋松锁紧螺母,把螺钉A向顺时针的方向旋动,则左横列整体向左移,反之则向右移。

(2) 螺钉B——调节右横列的左右位置。旋松锁紧螺母,把螺钉B向顺时针的方向旋动,则右横列整体向左移,反之则向右移。

(3) 螺钉C——调节横列的宽度。旋松锁紧螺母,把螺钉C向顺时针的方向旋动,则左右横列的宽度都变宽,反之则变窄。

(4) 螺钉D——调节套结的宽度。旋松锁紧螺母,把螺钉D向顺时针的方向旋动,则套结缝都变宽,反之则变窄。

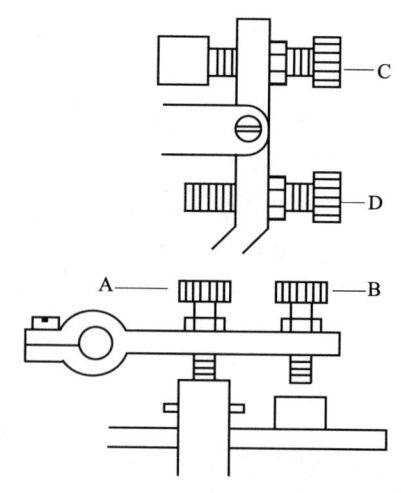

图6—14 平头锁眼机的调节螺钉
A,B,C,D——调节左横列左右位置的螺钉

三、圆头锁眼机的使用

1. 开停机构的调整

(1) 如图 6—15 所示,机器工作台运行到最后时,调节推板,让拉钩自由扣住。旋松锁紧螺钉,前后移动推板。

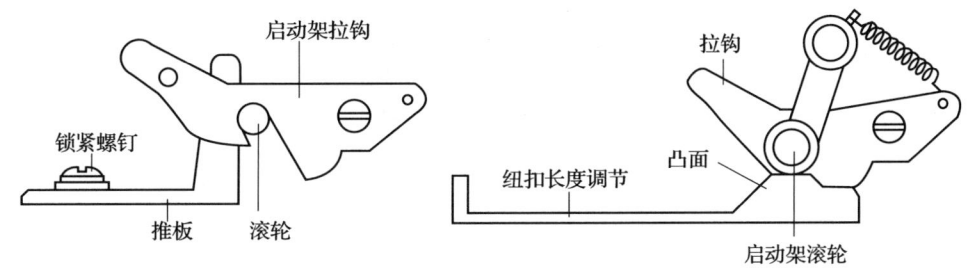

图 6—15 开停机构调整 1

(2) 当扣眼长度调节板的斜面顶起启动架滚珠时,调节启动架,使滚轮距手轮圆弧 2 mm。旋松锁紧螺钉,转动开停架予以调整,如图 6—16 所示。

(3) 调节停针杆扳手的高低,让缺口刚好扣住启动架方头螺钉,如图 6—17 所示。

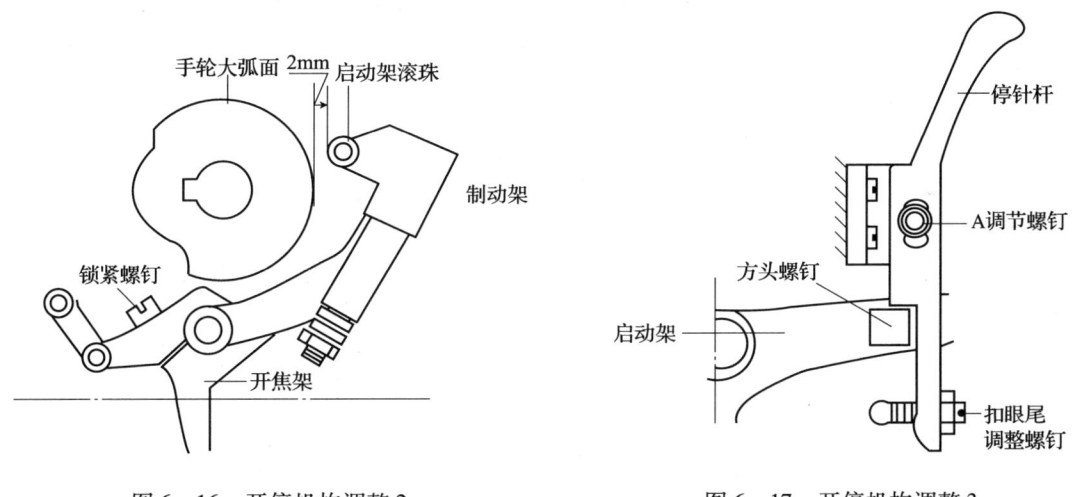

图 6—16 开停机构调整 2   图 6—17 开停机构调整 3

(4) 当启动架滚轮靠在手轮大圆弧时,调节手柄撞块,使其与高速轮撞块的间隙为 0.3~0.5 mm,如图 6—18 所示。

2. 成缝机构调整

(1) 直针最低时,调节二弯针,使二弯针尖距直针间距相等。

(2) 直针从最低上升 2.7~3 mm,弯针应到达直针中心线,且距直针孔上沿 1.5 mm。

(3) 间隙为 0.01 mm。

（4）钩线速度快慢应调直针运行大齿轮在主轴上的相对位置，拧松大齿轮紧固螺钉，拧松锁紧螺钉，调节调整螺钉，松左紧右，则钩线速度快，松右紧左，则钩线速度慢。

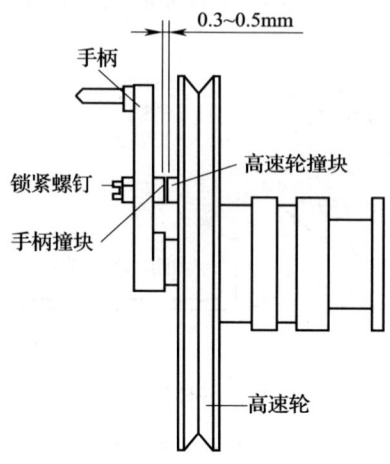

图6—18 开停机构调整4

第七单元　典型部件缝制

模块一　领 子 缝 制

一、关门领

关门领的款式如图 7—1 所示。此款关门领，前门襟连挂面，小翻领，前衣片（开门襟）的前中心线位于胸围线上部有一偏进的量，或称前门劈势，在衬衫、春秋衫等款式中用得较多。缝制工序流程、工序设备和工序要点见表 7—1。

图 7—1　关门领

表 7—1　　　　　　　　　　　　关门领缝制

序号	工序名称及工序要点	图示
1	工序名称：修剪并烫黏合衬 工序要点：领子是由领面和领里经缝制而形成的一个整体。按照净样板修剪领子，各放 1 cm 缝份。并分别烫黏合衬。如要突出领座竖起来的效果，可在里领座部件再烫一层较硬的黏合衬	

续表

序号	工序名称及工序要点	图示
2	工序名称：缝合领片 工序要点：领面在领底线位置折烫 1 cm 缝份成完成状，然后将领面和领里重叠成表面相对，缝合领外沿。注意领面领角要有松量。修剪领角，将领里的缝份折倒烫平 翻转后烫平，在领里外口压 0.1 cm 的固定线，将缝份压住后不外吐	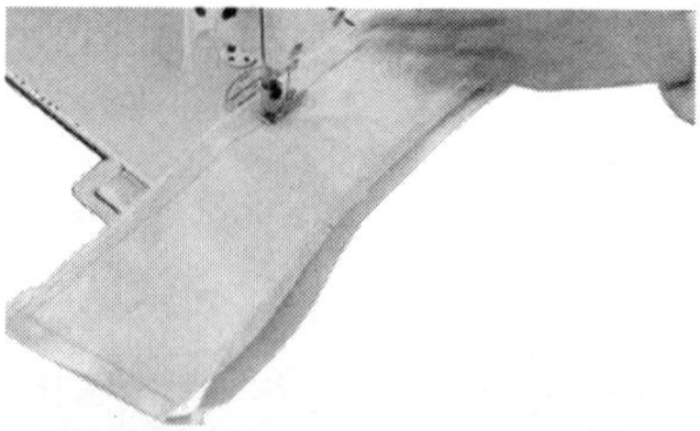 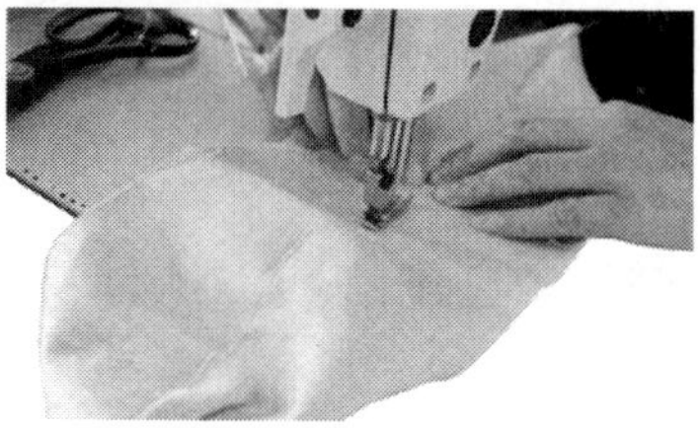
3	工序名称：装领子 工序要点：做好领子对位标记，从搭门口开始缝合领子、领圈、贴边；离贴边口 1 cm 处打剪口；中间部件领里、领圈缝合	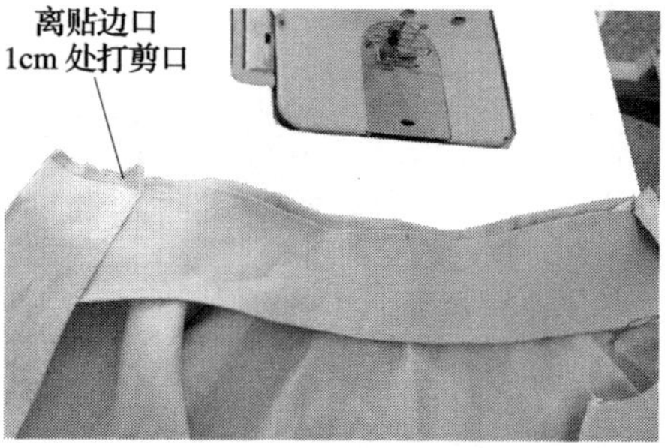 离贴边口 1cm 处打剪口
4	工序名称：缉明线 工序要点：将领子缝份塞进领子，沿领里口 0.1 cm 处缉一条明线	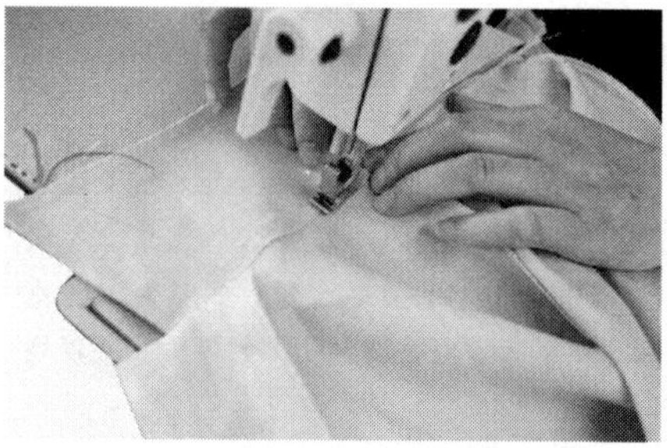

二、男式衬衫领

男式衬衫领的款式如图7—2所示。男式衬衫领是较为经典的领型,分为上领和下领两部分。要求领头平挺,两角长短一致,并有窝势,领面无起皱,无起泡,简洁大方,也可用于女式衬衫。缝制工序流程、工序设备和工序要点见表7—2。

图7—2 男式衬衫领

表7—2 男式衬衫领缝制

序号	工序名称及工序要点	图示
1	工序名称:部件准备、缝合上领 工序要点:四周均放缝1 cm,烫上黏合衬,将上领的领面与领里正面相对,领里边缘拉出0.2 cm,注意领角处要形成面松里紧的形状,沿领子的净线外侧0.1~0.2 cm车缝领外口线。在领角处可以拉一根线,方便翻领角	
2	工序名称:修剪翻转领子 工序要点:先将领子左右两领角剪掉,再沿缝线将缝份往领面一侧折烫。将领子翻到正面,整理领角并使左右对称,最后将领下口按领衬修齐,居中做好眼刀	

续表

序号	工序名称及工序要点	图示
3	工序名称：下领压线 工序要点：先将净缝的底领涤棉树脂黏合衬粘烫在底领领面上，之后按0.8 cm缝头放缝。领面上口沿领衬下口刮浆、包转、烫平，并在正面缉0.6 cm明止口固定	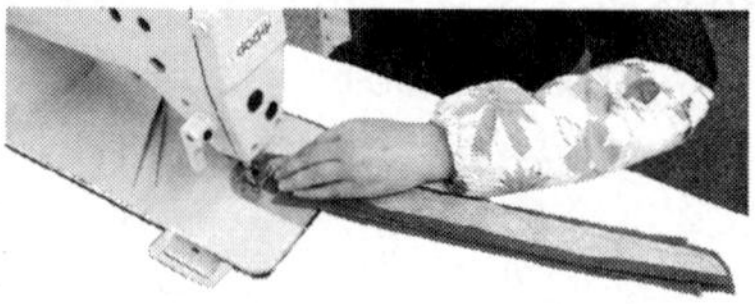
4	工序名称：上领与下领缝合 工序要点：把下领面放在上领面上，使之正面相对，并对准后领中点、左右装领点，底领面、里正面相合，面在上，里在下，中间夹进翻领，边沿对齐，三眼刀对准。离底领衬0.1 cm处缉线，并将底领两端圆头缝头修到0.3 cm	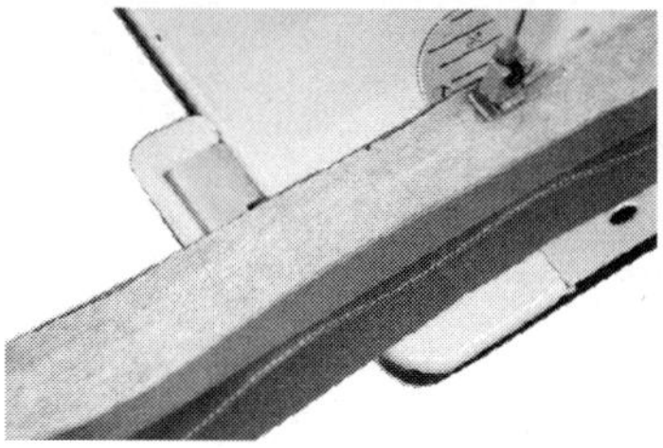
5	工序名称：缉压底领上沿明止口 工序要点：用拇指顶住缉线，翻出圆头，将圆头止口烫平，坐进里子，熨烫圆顺，并将下领烫平服。再沿底领上口缉压0.2 cm明止口，注意起落针均在翻领的两侧 做好装领三眼刀，底领里下放缝0.7 cm，做好肩缝、后中三眼刀	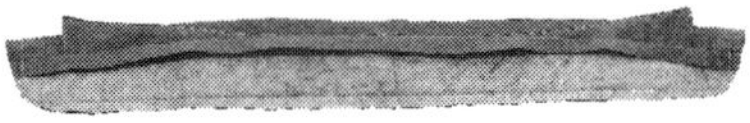 
6	工序名称：装领 工序要点：下领领里和衣片正面相合，衣片在下，领里在上，以0.6 cm缝头缝缉。注意领里两端缝头略宽些，端点缩进门里襟0.1 cm，肩缝、后中眼刀对准，防止领圈中途变形，起止点打好回针	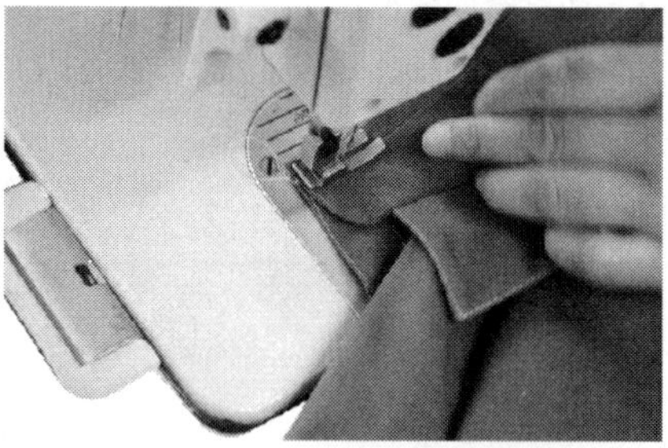
7	工序名称：缉领 工序要点：将领面翻正，让衣片领圈夹于底领面、里之间，缉线起止点在翻领两端进2 cm处，接线要重叠，但不能双轨。底领上口、圆口处缉0.15 cm明止口，底领下口缉0.1 cm明止口，反面坐缝不超过0.3 cm，两端衣片要塞足、塞平	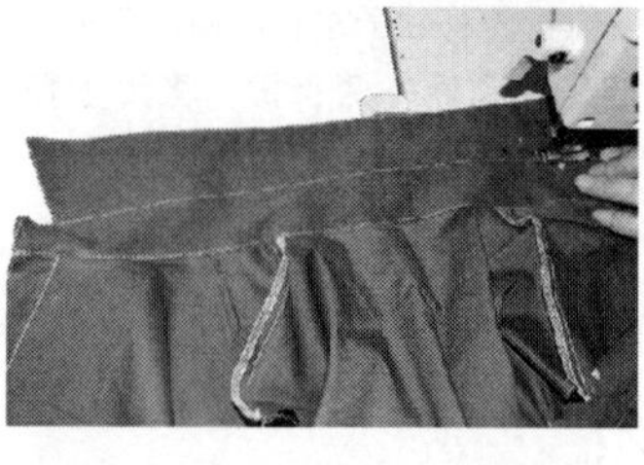

三、西服领

西服领的款式如图7—3所示。该款式在衬衫、西装、外套、套装及大衣中应用广泛，既可采用有里布制作，也可采用无里布制作。有里布设计时制作方法相同，只要在挂面和领里处与衣片的里布缝合即可。以下介绍领面和领里分开的装领方法，缝制工序流程、工序设备和工序要点见表7—3。

图7—3 西服领

表7—3 西服领缝制

序号	工序名称及工序要点	图示
1	工序名称：缝合领子 工序要点：将领面和领里正面相叠，缝合领子，沿着领子的净样缝合领里和领面。注意在领面领角处要放层势	
2	工序名称：领里缉线 工序要点：将领子缝份与领里压线，缉0.1 cm止口	
3	工序名称：翻烫领子 工序要点：将领子翻出，领角要翻平、正方。领面坐出0.1 cm，烫平、烫煞	

续表

序号	工序名称及工序要点	图示
4	工序名称：缝合肩缝 工序要点：缝合肩缝，并分开缝烫开	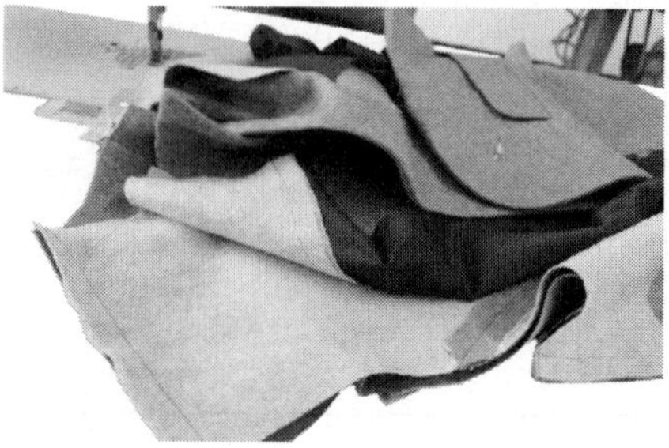
5	工序名称：装领里 工序要点：衣片和领里正面相对，衣片领圈的转角处剪口，对准后领中点、颈侧点，从一侧的装领止点缝至另一侧的装领止点。在前衣片的装领缝份上，距肩线3 cm处剪口，再将缝份分开烫平，将后装领线的缝份修剪留0.5 cm，并剪口，再将缝份往领里的一侧烫倒	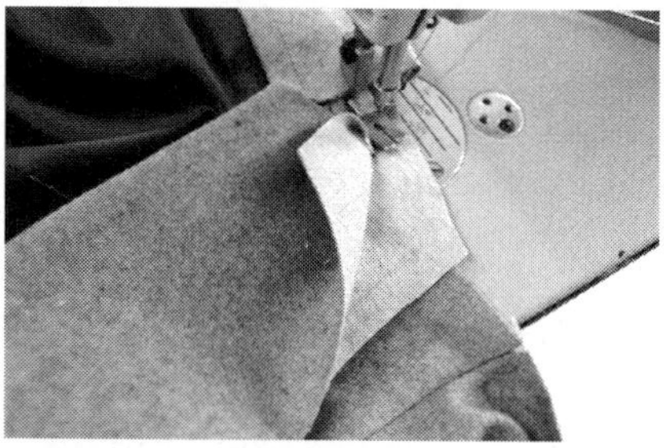 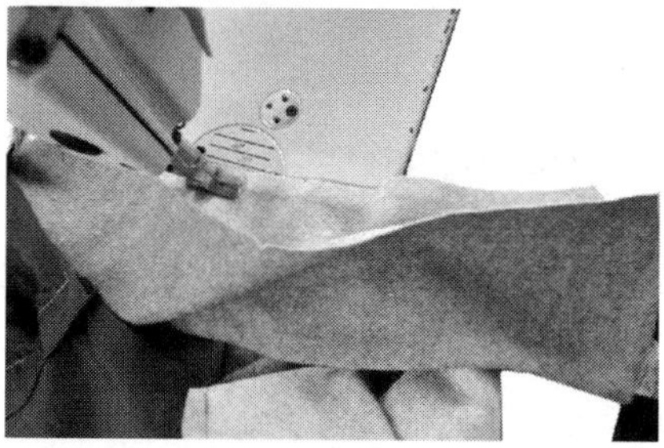
6	工序名称：装领面 工序要点：领面串口与挂面串口缝正面叠合，缺嘴位对准，注意缺嘴、领角要符合规格，并且左右对称，然后车缉	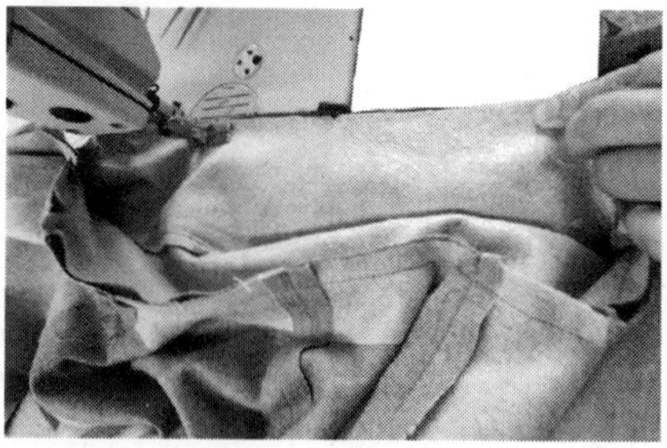

续表

序号	工序名称及工序要点	图示
7	工序名称：分烫装领绱缝 工序要点：前领左右领底的弯势处各放眼刀，将面、里的串口缝及领里的装领缝放在铁凳上分开烫煞。大身串口缝与大身缭牢，挂面的串口内缝与大身串口内缝用扎线定牢	

模块二 袖子缝制

一、里贴边无袖

里贴边无袖的款式图如图7—4所示。里贴边无袖一般用于无袖衬衫、背心等服装款式。利用贴边处理的圆袖笼，在缝制时容易使袖笼转弯处松弛，故要特别注意。缝制工序流程和工序要点见表7—4。

图7—4 里贴边无袖

表7—4　　　　　　　里贴边无袖缝制

序号	工序名称及工序要点	图示
1	工序名称：烫黏合衬 工序要点：贴边的袖围缝份要比衣片少0.1～0.2 cm，这是为了把袖围整理成里外匀，不使贴边外露	前袖窿贴边 衣身　后袖窿贴边

续表

序号	工序名称及工序要点	图示
2	工序名称：拷边 工序要点：袖里贴边拷边，贴边其他部件无须拷边	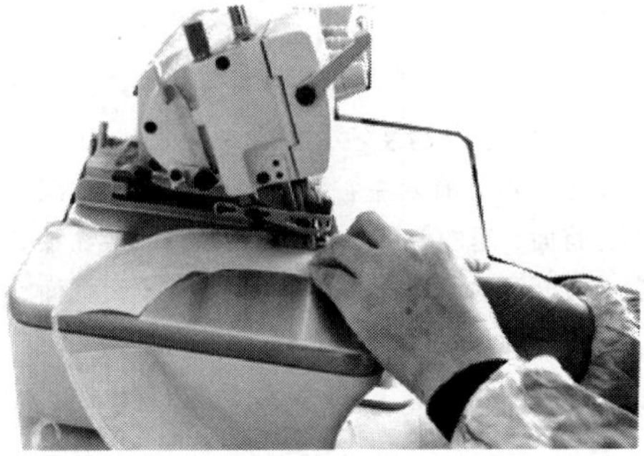
3	工序名称：拼贴边 工序要点：将贴边拼接，注意缝份和宽度。将缝份分开烫平	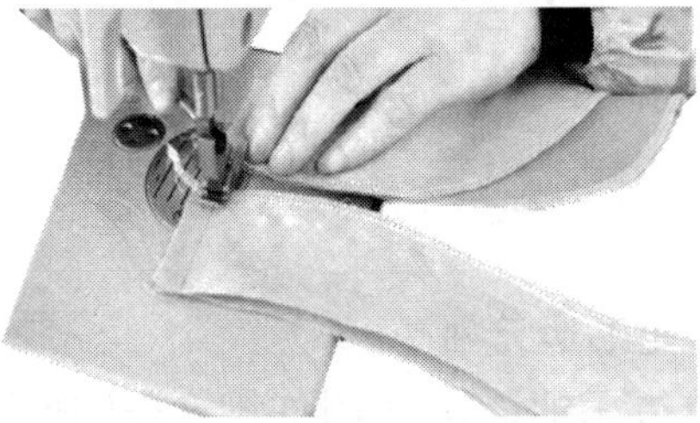
4	工序名称：装贴边 工序要点：把衣片与贴边对正缝合，对正袖窿的裁剪边缘后缝合，缝份0.7 cm，在袖窿转弯处剪口，贴边翻折后，袖窿平整服帖	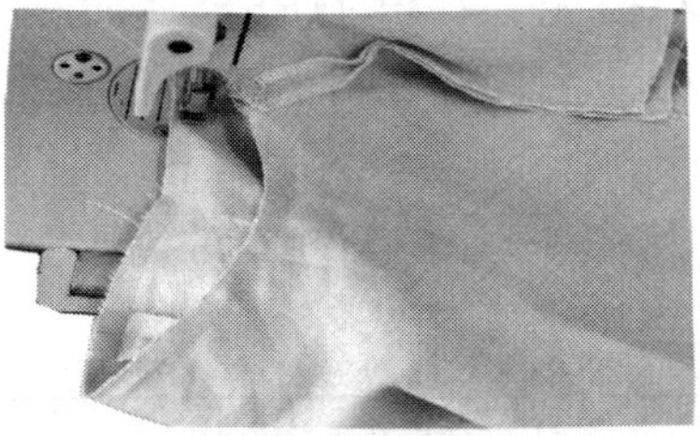
5	工序名称：袖窿压线 工序要点：用熨斗把衣片袖窿向内侧烫进0.1 cm，以形成里外匀，沿着袖窿外围压线一圈，根据款式定止口线宽度	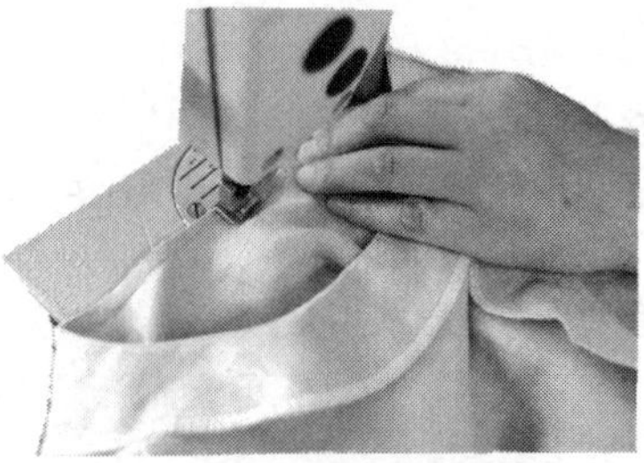

续表

序号	工序名称及工序要点	图示
6	工序名称：整烫贴边形成里外匀 工序要点：贴边的肩线、侧缝要用手针缝在衣片的相应位置。最后整烫	

二、男式衬衫袖

男式衬衫袖的款式如图7—5所示。男式衬衫袖的主要特征表现在袖头和袖衩上，所以男式衬衫袖的重点放在这两个部件，袖窿处较为简单，在后面的衬衫制作中有介绍，这里不赘述。男式衬衫袖的缝制工序流程和要点见表7—5。

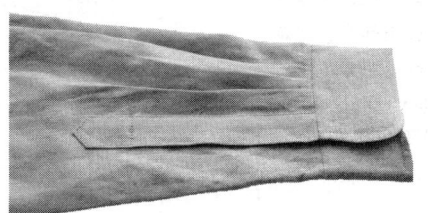

图7—5　男式衬衫袖

表7—5　　　　　　　　　　　　男式衬衫袖缝制

序号	工序名称及工序要点	图示
1	工序名称：袖头、袖衩折烫 工序要点：袖片放缝、折烫袖口贴边，袖口扣烫0.8 cm的折份。小袖衩折烫，一面虚出0.1 cm；按照大袖衩净样板扣烫，一面虚出0.1 cm	

续表

序号	工序名称及工序要点	图示
2	工序名称：袖头里压线 工序要点：在袖头里上压线 0.7 cm	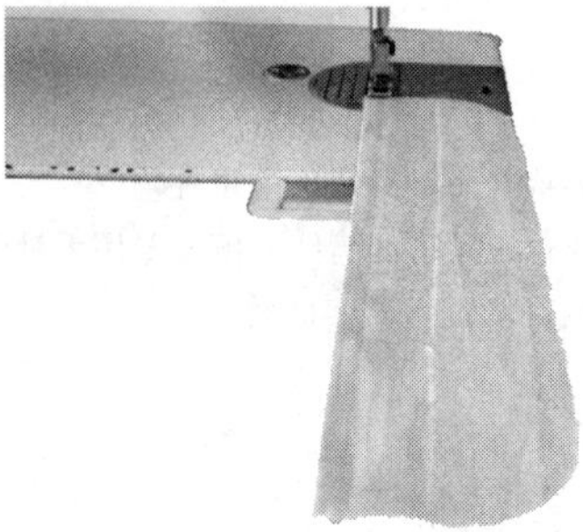
3	工序名称：做袖头 工序要点：在袖头反面粘上黏合衬，将里外袖头正正相对，可以用定型样板缉袖头。注意圆角圆顺，大小相同，夹里不能有层势 翻烫袖头，修剪圆顺，留 0.3 cm 缝头，将圆头翻足、烫顺，夹里下口沿下口包转扣烫，再塞进夹层。整个袖头要平整，形成里外匀窝势，止口不外吐	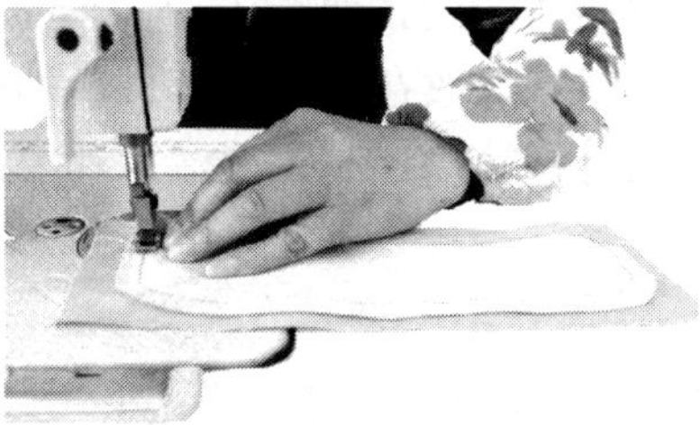 
4	工序名称：装袖衩第一步 工序要点：袖片按照袖衩位置开叉，开叉将袖片分成大和小的两边摆放袖衩，小袖衩开口朝小片，虚出的一边在下面；大袖衩开口在上朝大片。小袖衩在大袖衩正下面。缝头平齐 将大袖衩、小袖衩和袖片合缉。起点为大袖衩开口边沿，经过开叉点，止点为小袖衩边沿。起落针回针	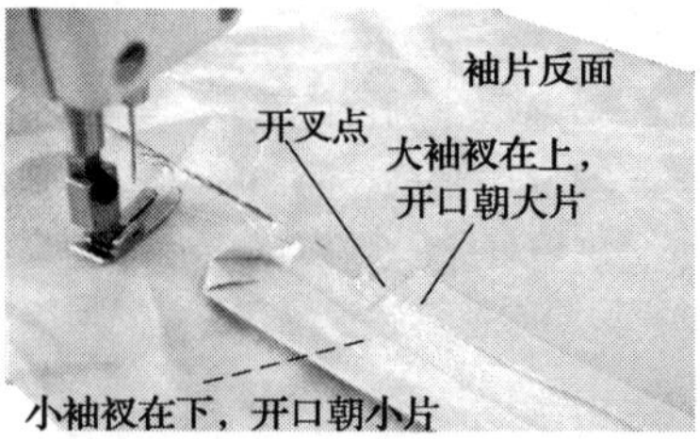

续表

序号	工序名称及工序要点	图示
5	工序名称：打剪口 工序要点：沿着缉线位置，打三角剪口。剪口一边到大袖衩边沿，另一边到小袖衩边沿。刚好剪到缉线位置。剪口做到干净利落，恰到好处，才能保证翻过来夹缝份不毛出	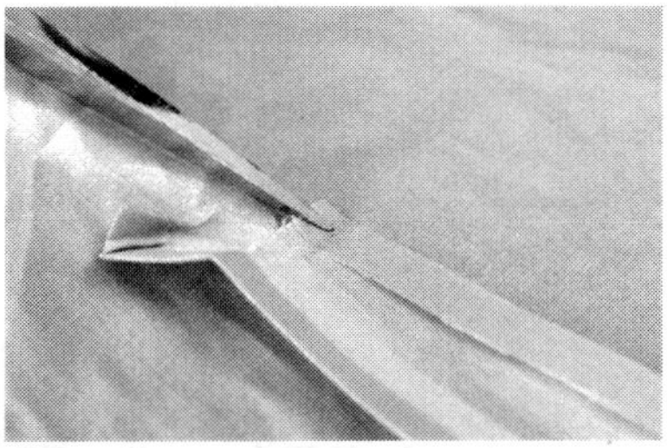
6	工序名称：袖衩压线 工序要点：将缝份塞进小袖衩开口，压 0.1 cm 止口线	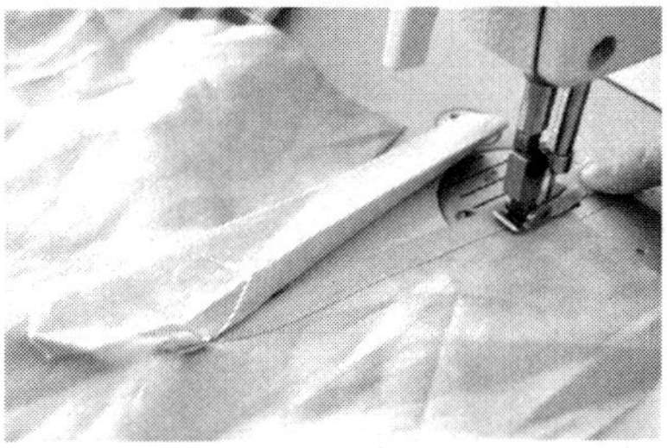
7	工序名称：大袖衩压线 工序要点：大袖衩从起点开始压线，在封口部件往返三道，再沿着压线路径压 0.1 cm 的止口线	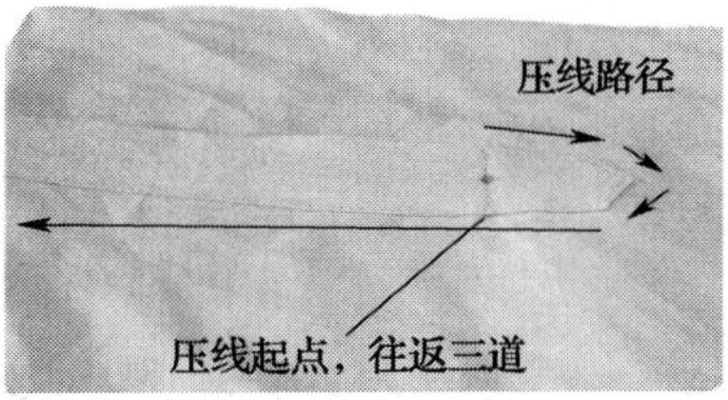
8	工序名称：装袖头 工序要点：可以用夹缉法装袖头，装袖头一边缉 0.1 cm 止口线。注意袖衩两边门里襟袖衩都要放平	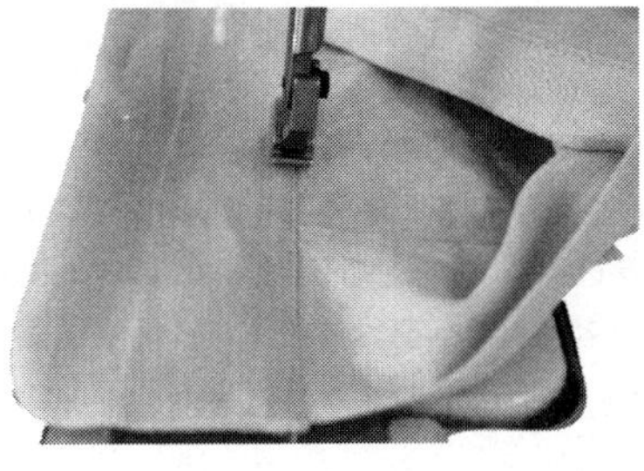

续表

序号	工序名称及工序要点	图示
9	工序名称：袖头压线 工序要点：根据款式需要在袖头外口压缉0.6 cm 止口线	
10	工序名称：整烫 工序要点：清除线头及污渍，然后熨烫，保证袖头圆顺、平服、无毛出、无烫黄	

三、女式衬衫袖

女式衬衫袖的款式如图7—6所示。该款女式衬衫袖装花边，包边型开叉。女式衬衫袖主要特征表现在袖头和袖衩上，所以女式衬衫袖的重点放在这两个部件，袖窿处较为简单，在后面的衬衫制作中有介绍，这里不赘述。女式衬衫袖的缝制工序流程和工序要点见表7—6。

图7—6 女式衬衫袖

表7—6　　　　　　　　　　女士衬衫袖缝制

序号	工序名称及工序要点	图示
1	工序名称：做花边 工序要点：根据花边宽度裁剪斜丝，宽2 cm，两边卷边压缉0.1 cm 止口线。在中间缉线拉底线抽褶裥。褶裥要均匀	

续表

序号	工序名称及工序要点	图示
2	工序名称：做袖衩、封袖衩 工序要点：用1.5 cm斜丝将袖衩包住开衩口，正面压缉0.1 cm止口。袖子沿袖衩正面对着，袖口平齐，袖衩转弯处向袖衩外口斜下1 cm处缉来回针三道	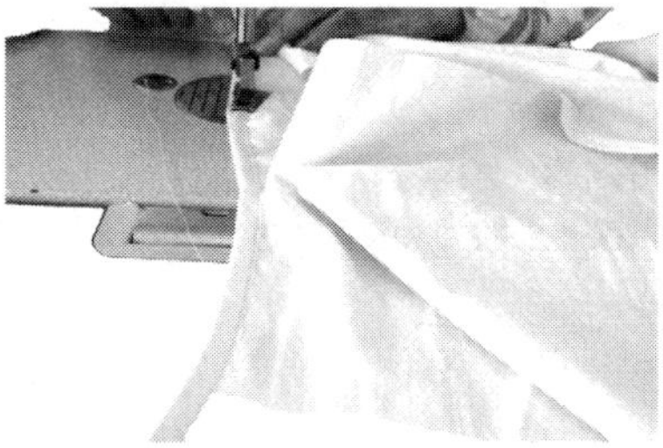 
3	工序名称：烫袖头 工序要点：沿着净样板修剪袖头，扣烫袖里	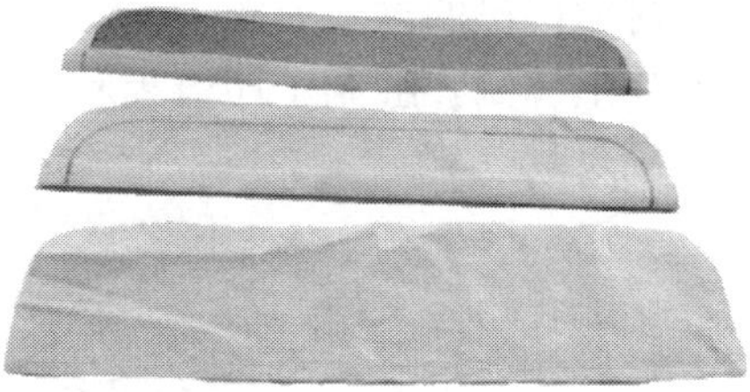
4	工序名称：做袖头 工序要点：袖头正面相叠，将花边夹在袖头两层中间，压线1 cm缝头，压线翻转后烫平、烫煞	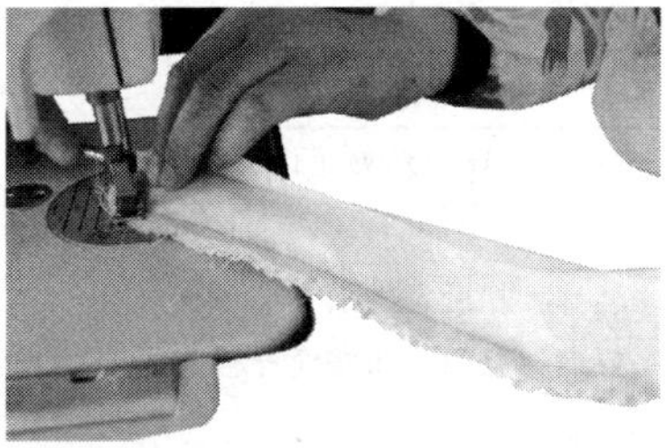
5	工序名称：装袖头 工序要点：袖口细裥抽均匀，袖衩门襟要折转，袖片的袖口大小与袖头长短一致。袖头夹里正面与袖片反面相叠，袖口放齐	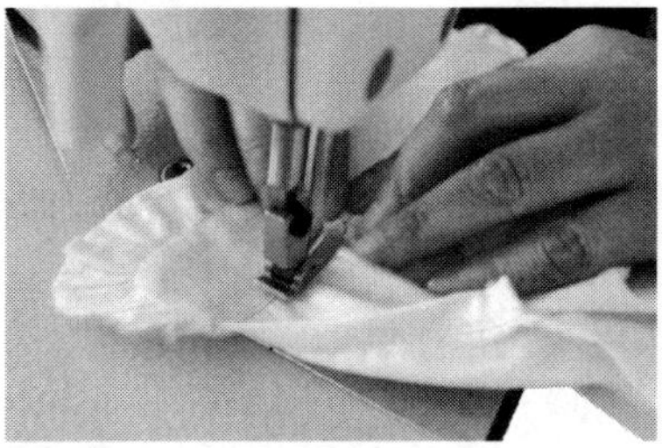

· 79 ·

续表

序号	工序名称及工序要点	图示
6	工序名称：整烫 工序要点：将袖头及花边进行整烫	

模块三 开口缝制

一、外贴边衬衫门襟

外贴边衬衫门襟的款式如图7—7所示。外贴边衬衫门襟是将衣片与门襟分开裁剪，门襟外贴在衣片上缝制。缝制工序流程和工序要点见表7—7。

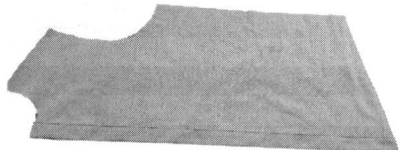

图7—7 外贴边衬衫门襟

表7—7　　　　　　　　　　外贴边衬衫门襟缝制

序号	工序名称及工序要点	图示
1	工序名称：扣烫翻门襟布 工序要点：翻门襟布按净样板向内扣烫	
2	工序名称：缝制门襟 工序要点：把翻门襟布正面与衣片的反面相对，对齐门襟止口线车缝	

续表

序号	工序名称及工序要点	图示
3	工序名称：缉门襟明线 工序要点：将门襟翻到正面熨烫，在门襟边缘车缝明线，缉线宽度为0.1~0.3 cm	

二、西服后中下摆开衩

西服后中下摆开衩的款式如图7—8所示。西服后中下摆开衩是在无里布的基础上增添了里布的覆盖。缝制工序流程和工序要点见表7—8。

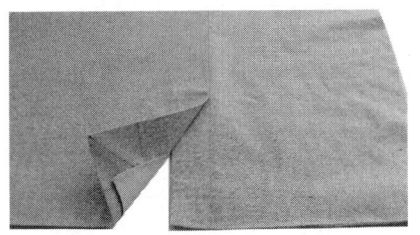

图7—8　西服后中下摆开衩

表7—8　　　　　　　　　　　　西服后中下摆开衩缝制

序号	工序名称及工序要点	图示
1	工序名称：扣烫开衩部件 工序要点：按净样扣烫开衩部件，底边盖住侧边开衩	

续表

序号	工序名称及工序要点	图示
2	工序名称：缝制开衩 工序要点：以底摆线为基准对折，并缝合。缝合后将余量沿缝线剪去，留0.5 cm缝份	 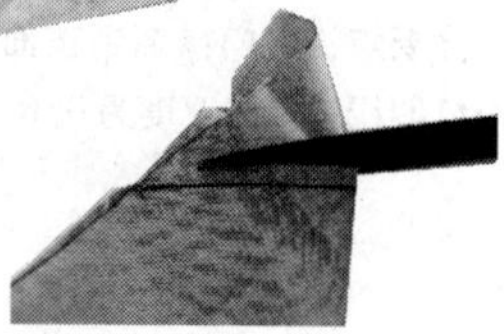
3	工序名称：车缝衣片 工序要点：左右衣片正正相叠车缝，线迹至开衩止点后横向缝合。里布也按衣片一样车缝	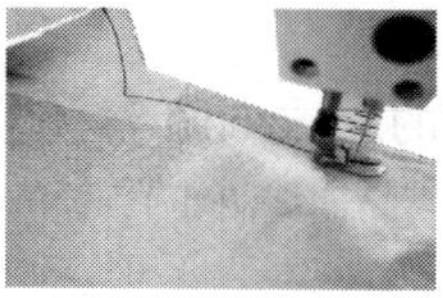 
4	工序名称：衣片开剪口 工序要点：在衣片开衩止口处开剪口	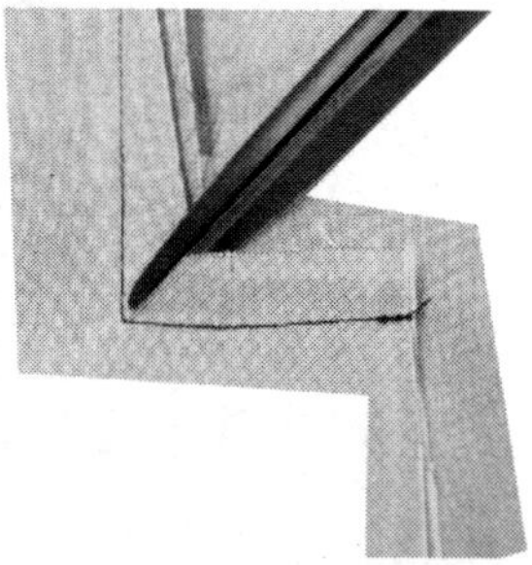
5	工序名称：翻折熨烫 工序要点：将合并的衣片与里布的底边进行翻折熨烫	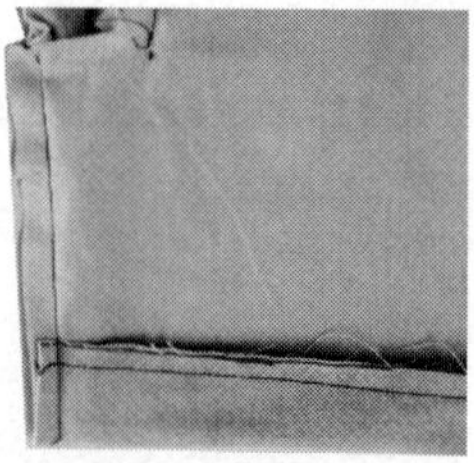

续表

序号	工序名称及工序要点	图示
6	工序名称：里布开剪口 工序要点：在里布开衩止口处开剪口	
7	工序名称：缝制开衩 工序要点：合并衣片与里布。整烫	

三、裙子普通拉链

裙子普通拉链的款式如图7—9所示。裙子普通拉链的缝制工序流程和工序要点见表7—9。

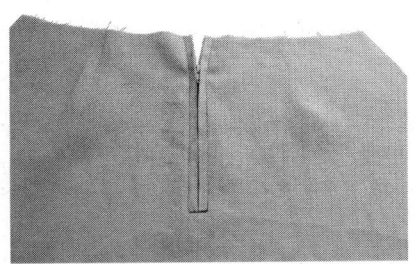

图7—9　裙子普通拉链

表7—9　　　　　　　　　　裙子普通拉链缝制

序号	工序名称及工序要点	图示
1	工序名称：缝制裙片 工序要点：在装拉链处烫上黏合衬，左右裙片正面相对，车缝线从开口止点开始至裙底边	

续表

序号	工序名称及工序要点	图示
2	工序名称：装拉链 工序要点：在裙片正面装拉链，缝制时注意缝份要将拉链盖严	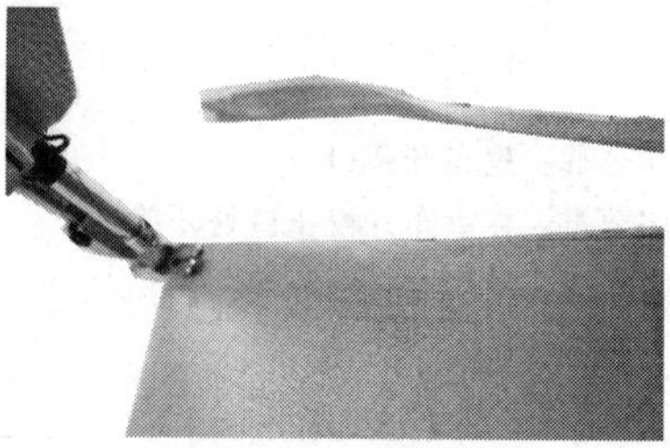
3	工序名称：固定底边 工序要点：缝制拉链底边时，缉直角固定	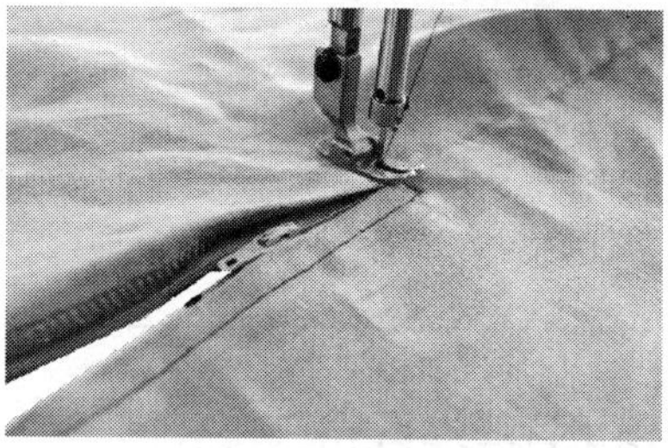
4	工序名称：修剪拉链 工序要点：将拉链装完后，修剪多余的拉链，使之与裙片一致	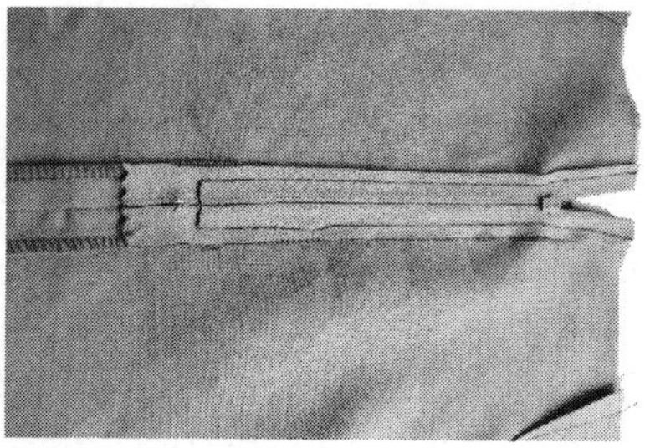

模块四 口袋缝制

一、男衬衫贴袋

男衬衫贴袋的款式如图7—10所示。男衬衫贴袋常用于衬衫中。贴袋是在服装的某一部件贴缝一块袋布而成。其样式种类繁多，有长方形、斜形、椭圆形、圆形、三角形等各种几何图形的平贴袋。在贴袋上除可附加袋盖外，还可做嵌线、褶裥等装饰。男衬衫贴袋的缝制工序流程和工序要点见表7—10。

图7—10 男衬衫贴袋

表7—10　　　　　　　　　　男衬衫贴袋缝制

序号	工序名称及工序要点	图示
1	工序名称：裁剪袋布、衣片 工序要点：按净样板、袋口贴边放缝3.5 cm，其余三边放缝1 cm，最后按缝线裁剪	
2	工序名称：扣烫贴袋缝份 工序要点：按净样板扣烫贴袋缝份	
3	工序名称：车缝袋口贴边 工序要点：车缝固定袋口贴边，向内缉线2.5 cm	

续表

序号	工序名称及工序要点	图示
4	工序名称：装贴袋 工序要点：在贴袋布边缘车缝0.1 cm明线，袋口两侧角部缝来回针固定	

二、双嵌线挖袋

双嵌线挖袋的款式如图7—11所示。双嵌线挖袋指袋口装有两根嵌线的口袋。其缝制工序流程和工序要点见表7—11。

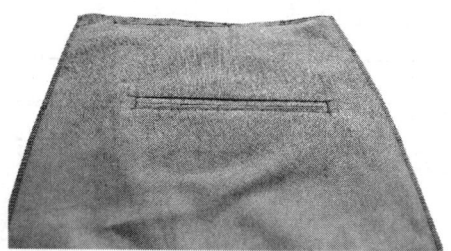

图7—11　双嵌线挖袋

表7—11　　　　　　　　　　双嵌线挖袋缝制

序号	工序名称及工序要点	图示
1	工序名称：烫黏合衬 工序要点：在各个零部件上烫上黏合衬	
2	工序名称：画袋位 工序要点：在裙片上画出挖袋位置，并做好记号	

续表

序号	工序名称及工序要点	图示
3	工序名称：缝制袋布 工序要点：袋口贴边按标记与袋布缝合，并放置裙片	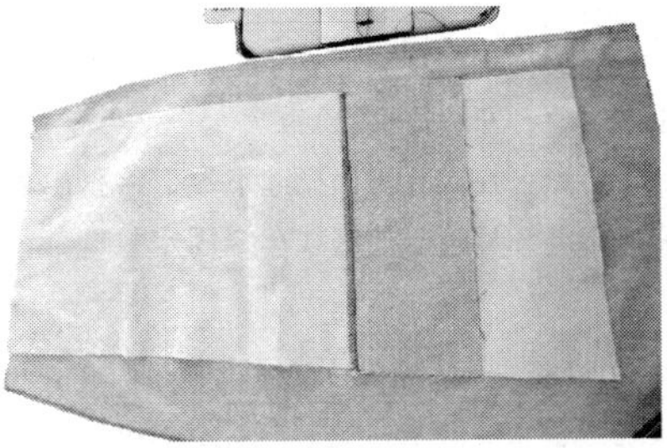
4	工序名称：缝制嵌线布 工序要点：将嵌线布正面对着裙片对面，对好标记，沿标记车缝	 
5	工序名称：翻折嵌线布 工序要点：将袋布掀起插入袋口的剪口处，连同嵌线布一起翻折到衣片反面	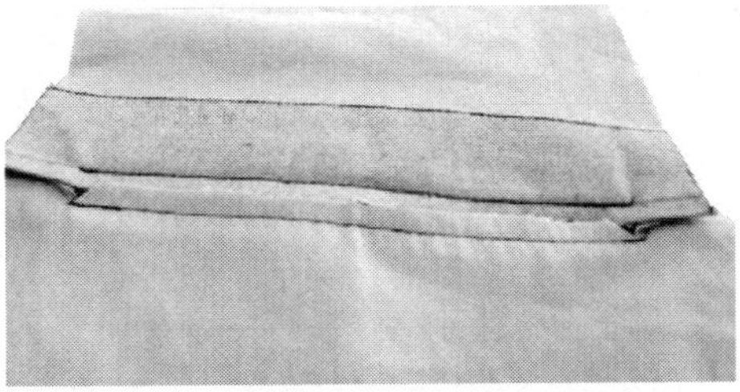
6	工序名称：缝合三角剪口 工序要点：裙片左右分别掀起，熨斗熨烫整理三角剪口，使嵌线两侧平衡，再车来回针固定	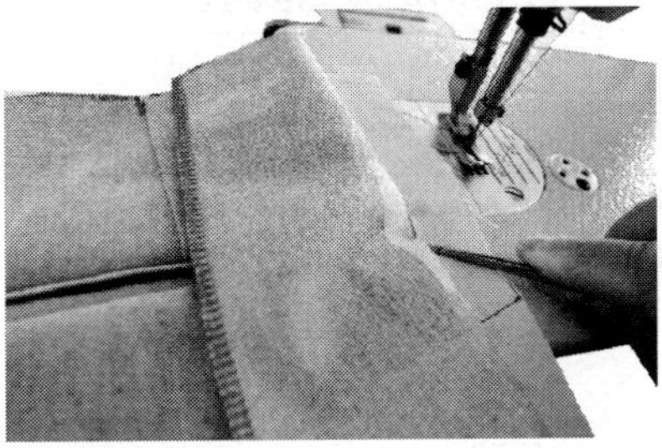

续表

序号	工序名称及工序要点	图示
7	工序名称：车缝嵌线 工序要点：在衣片正面掀起下端，将露出衣片袋口做缝和翻折好的嵌线车缝固定	
8	工序名称：车缝袋布 工序要点：对齐车缝嵌线和袋布，然后缝合上下袋布	

三、西裤斜插袋

西裤斜插袋的款式如图7—12所示。直线型斜插袋常应用于裤子中，缝制工序流程和工序要点见表7—12。

图7—12 西裤斜插袋

表7—12　　　　　　　　西裤斜插袋缝制

序号	工序名称及工序要点	图示
1	工序名称：准备裁片 工序要点：裁剪裤片及插袋零部件，准备缝制	

续表

序号	工序名称及工序要点	图示
2	工序名称：烫黏合衬 工序要点：在贴边和裤前片烫黏合衬	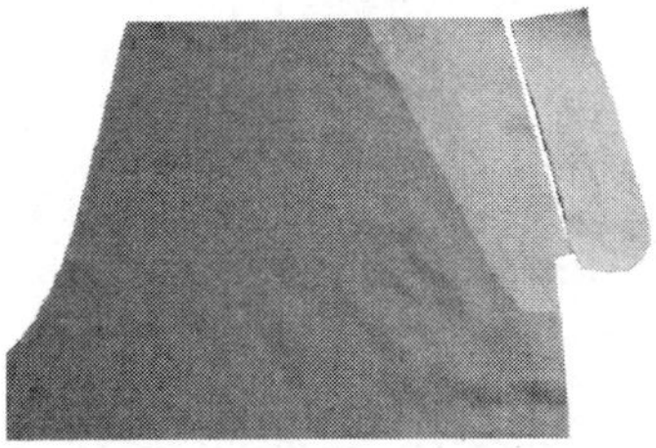
3	工序名称：缝制贴边 工序要点：将裤片袋口贴边与袋布对齐后缝合	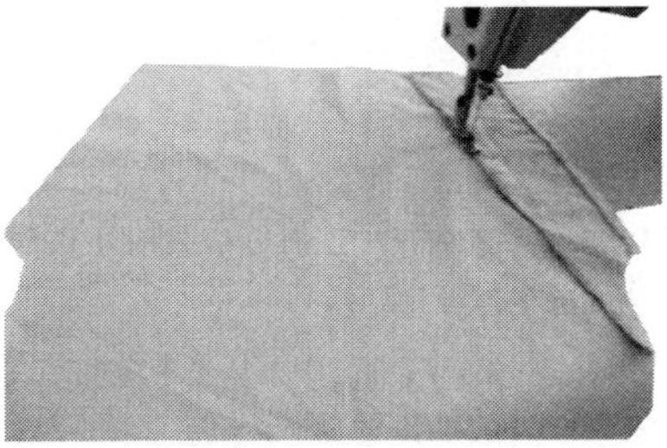
4	工序名称：缝合袋布 工序要点：两片袋布对准后缝合	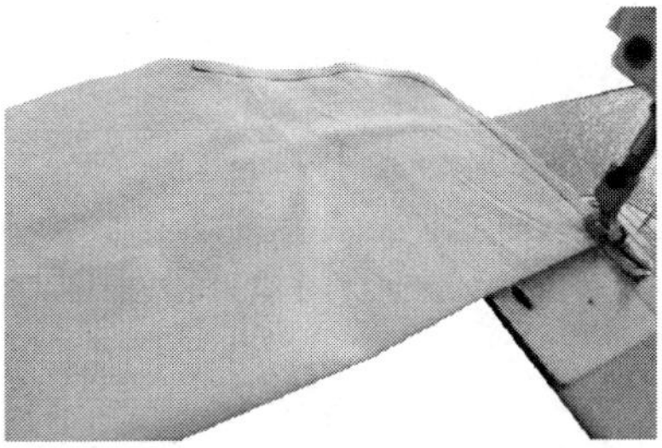
5	工序名称：缉袋布明线 工序要点：沿袋布外口缉0.3 cm明线	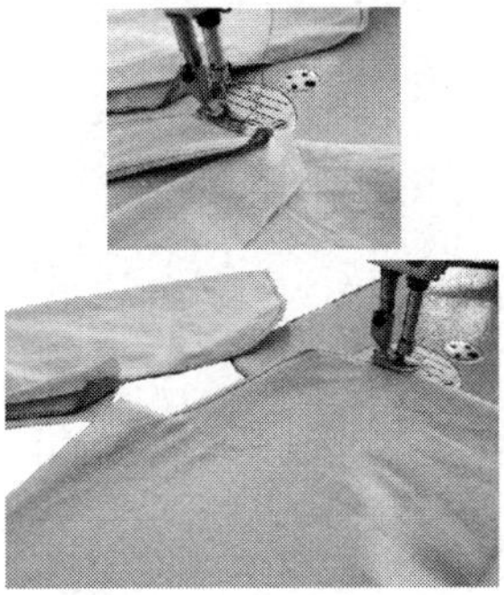

续表

序号	工序名称及工序要点	图示
6	工序名称：折烫袋口 工序要点：按袋口线折烫袋口	
7	工序名称：缉止口线 工序要点：在前裤片正面袋口处缉止口线，止口宽度可根据设计而定	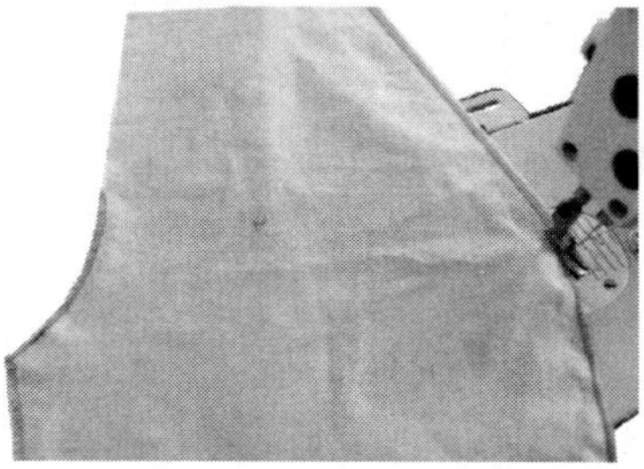
8	工序名称：固定袋口 工序要点：裤前片正面平整放在袋布的正面上，对其各部件标记，再车缝固定裤腰处及侧缝处	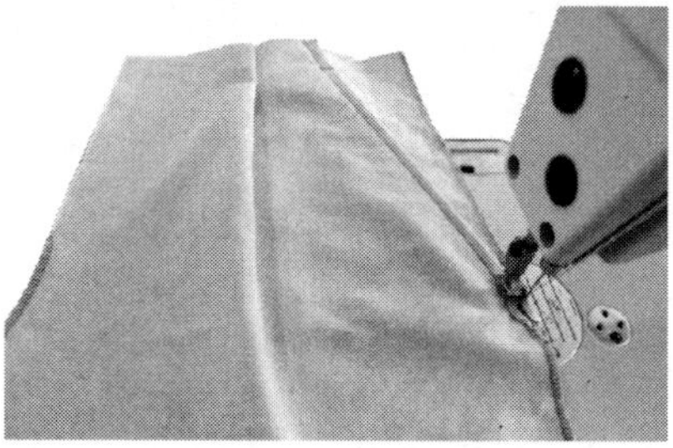

第八单元　典型服装缝制

模块一　裙子缝制

一、短裙款式

短裙的款式如图 8—1 所示。该款裙子装直腰，裙摆位于膝上，中臀围线以上较为贴身，臀部松量较大，裙摆适中。前片三个褶，后片两个口袋，后中装隐形拉链。

图 8—1　短裙

二、短裙缝制

短裙的缝制工序流程和工序要点见表 8—1。

表 8—1　　　　　　　　　　　　　短裙缝制

序号	工序名称及工序要点	图示
1	工序名称：裁片、烫黏合衬 工序要点：前后裙片，腰面，袋垫。在腰面和关键部件烫黏合衬	
2	工序名称：裙片拷边 工序要点：前、后裙片除腰节外，其余三边都拷边	

续表

序号	工序名称及工序要点	图示
3	工序名称：后片收省 工序要点：省的大小、长短、位置要缉准确，省缝要缉顺，省尖要缉尖。省根缉来回针。省尖缉过后，空车多缝五六针，线头打结	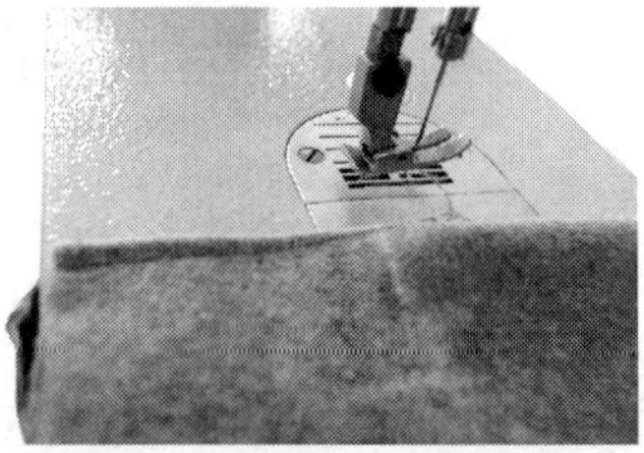 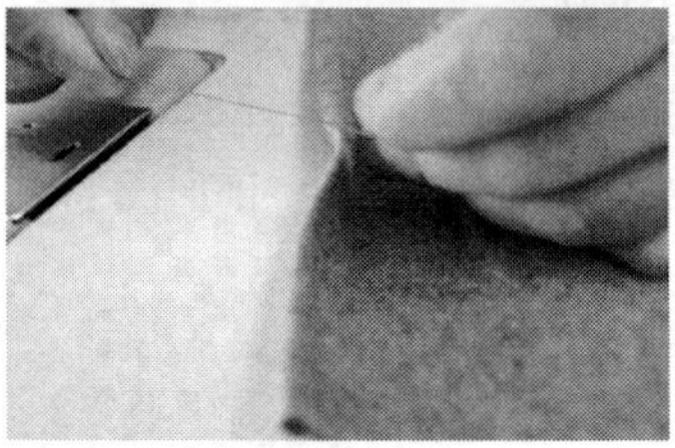
4	工序名称：确定袋位 工序要点：在后裤片正面，袋口线向上、向下各 0.8 cm 处画线	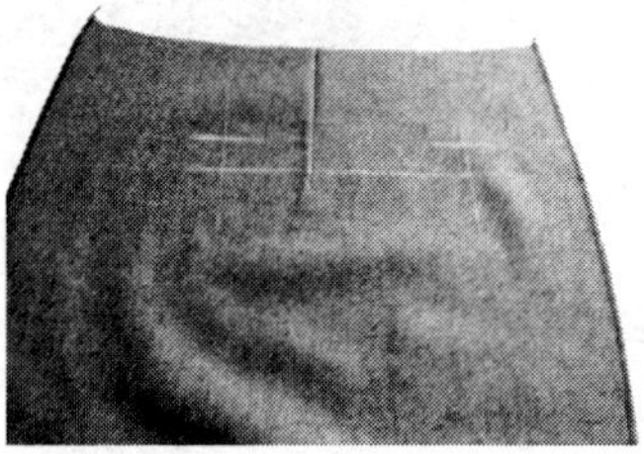
5	工序名称：烫黏合衬 工序要点：反面的相应位置烫黏合衬	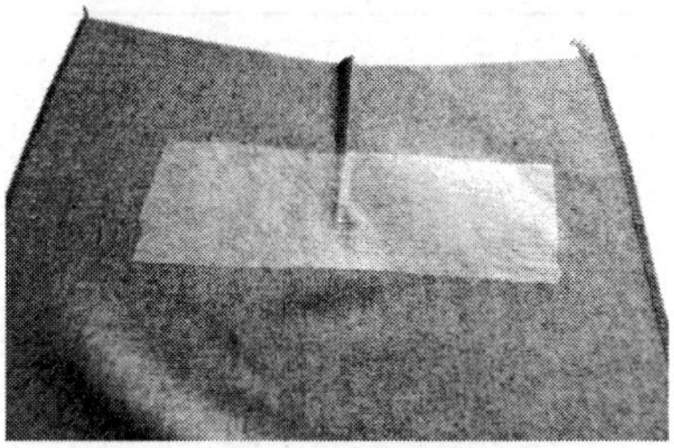
6	工序名称：缉袋嵌线 工序要点：将嵌线布的宽边朝上，嵌线上的口袋大线与裙片袋口下缘 1 cm 线并齐，车缉袋嵌条线，起落手来回针缉牢固	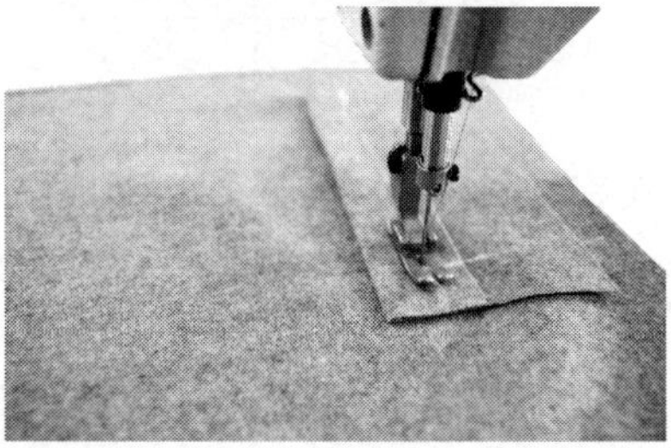

续表

序号	工序名称及工序要点	图示
7	工序名称：开口袋 工序要点：沿袋口缉线中间剪开，离开口袋 0.6 cm 处剪三角，不能剪断缉线，并要离开线 1 根或 2 根丝绺	
8	工序名称：缉前裙片褶裥 工序要点：前裙片反面向里折转，按中间对褶位置用手工定一道。左右两侧各向内倒一褶裥，然后缉线固定	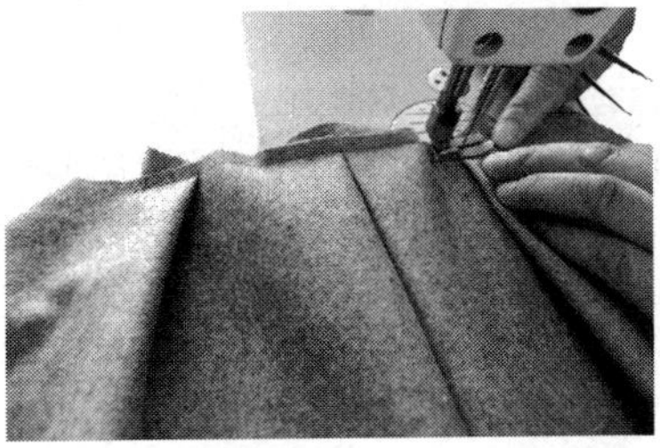
9	工序名称：缉袋布及口袋贴边 工序要点：前袋布与前裙片反面相叠，袋口贴边与裙片正面相叠，平齐裙片袋外口，三层一起缝合	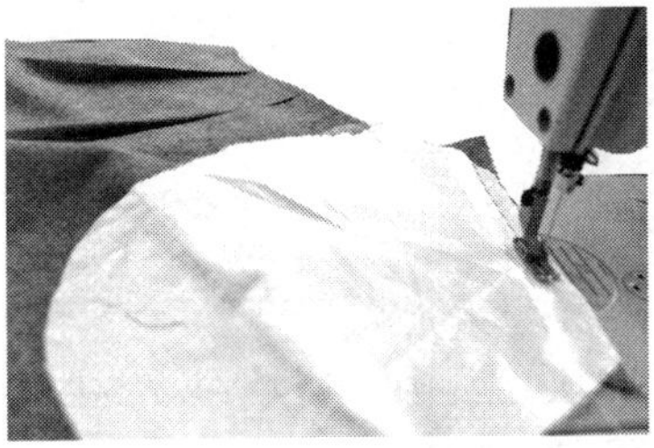
10	工序名称：缉袋口明线 工序要点：缝份均向裙片坐倒。袋口贴边折转，坐出嵌线宽 0.2～0.4 cm 烫平。并在正面袋口位置缉 0.1 cm 止口线，同时把嵌线固定	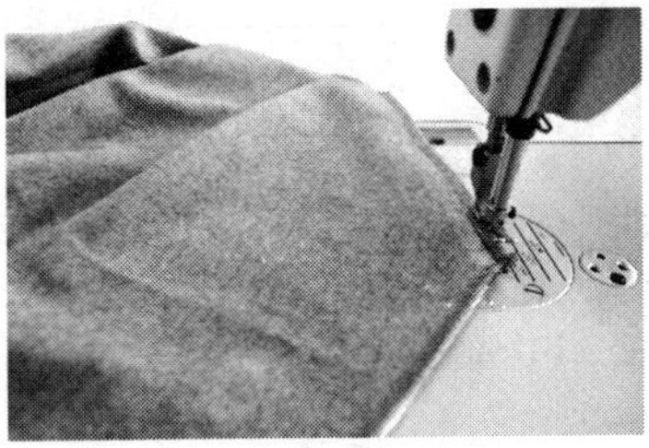

续表

序号	工序名称及工序要点	图示
11	工序名称：固定袋垫布与下袋角侧缝 工序要点：袋垫布放平，上口袋按斜袋位置放正，后袋布拉开，袋垫布与下袋角侧缝固定	
12	工序名称：装前、后腰面 工序要点：腰面的对档标记对准裙腰口对应位置，腰头在上，裙片在下，沿 0.8 cm 缝份缉线。注意前平、中（侧缝左右 1 cm）微松、后（臀部上口）稍紧，使腰头上口顺直，前后平服，臀部饱满	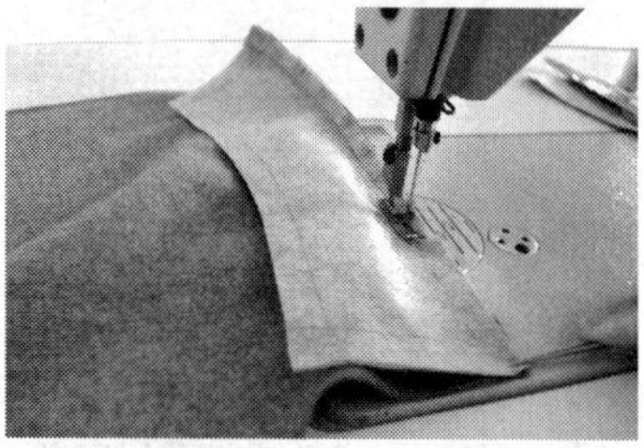 
13	工序名称：缉腰面明线 工序要点：在正面与裙片拼接位置缉 0.1 cm 或者 0.6 cm 止口线	
14	工序名称：缝合侧缝 工序要点：将前、后裙片的下摆、腰口、臀围对齐，缉 1 cm 缝头	

续表

序号	工序名称及工序要点	图示
15	工序名称：做、装下摆贴边 工序要点：把衣片与贴边对正裁剪边缘后缝合	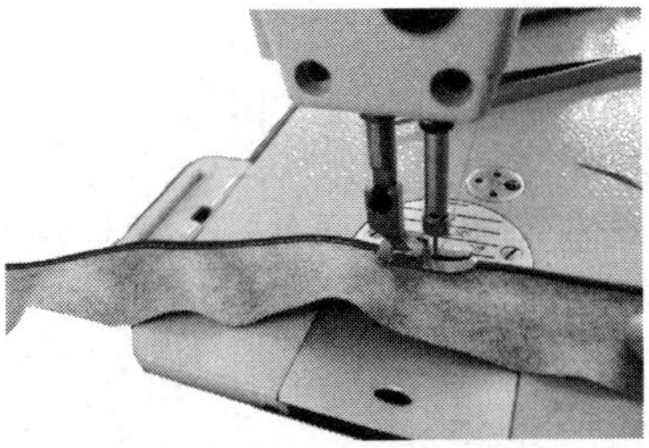 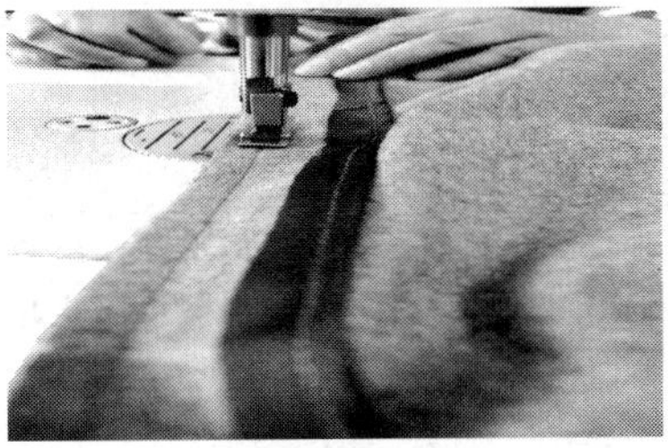
16	工序名称：装隐形拉链 工序要点：在装拉链的部件反面贴上黏合衬，衬比开门止点伸下 1 cm，缉线比开门止点伸下 2 cm，拉链头拉到开门止点以下，拉链齿边沿裙片开门止口烫迹放齐，用专用单脚压脚与裙片缉合，并缉到开门止点以下 1.5 cm 左右。注意两边不能缉错位	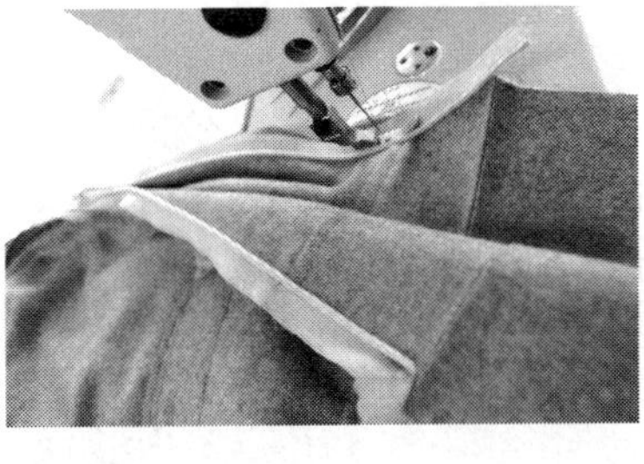
17	工序名称：做夹里布 工序要点：里布松于面布，下摆口宽度略小于面布贴边宽度	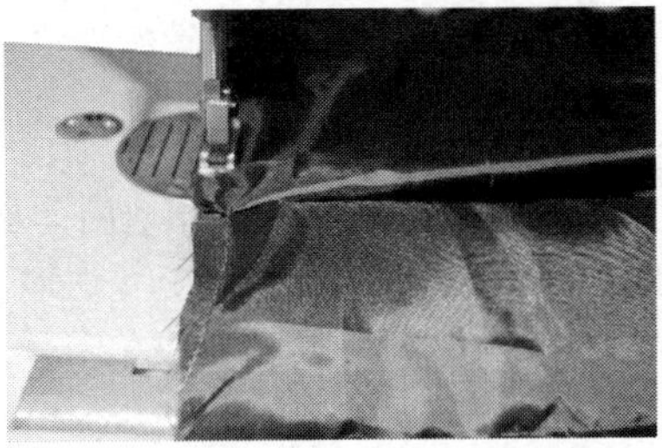

续表

序号	工序名称及工序要点	图示
18	工序名称：装里布 工序要点：面布在上，里布在下，沿 0.8 cm 缝份缉线	
19	工序名称：压缉腰头 工序要点：腰面翻正，腰里放平，正面缉 0.1 cm 止口，注意下层腰里带紧，防止起涟形	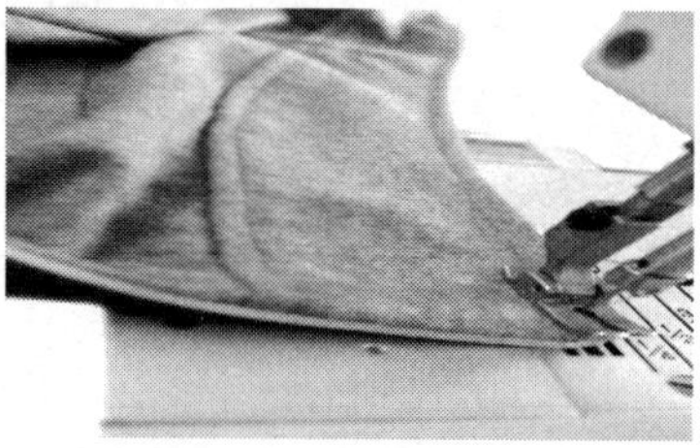
20	工序名称：里布卷底边 工序要点：压 1 cm 宽度的止口线	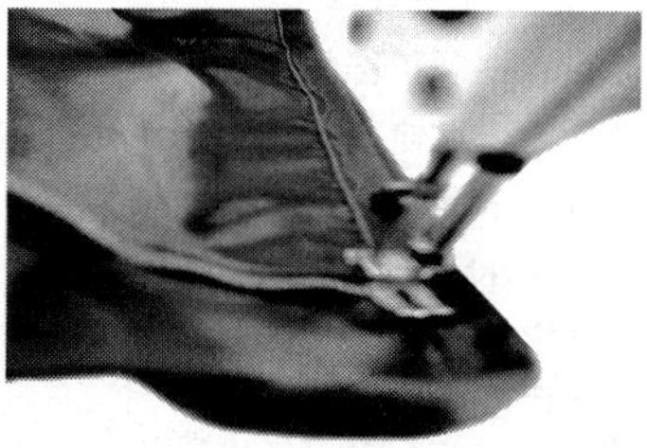
21	工序名称：缲三角针 工序要点：用暗缲针（从左向右一针上一针下倒退缝）把底边固定	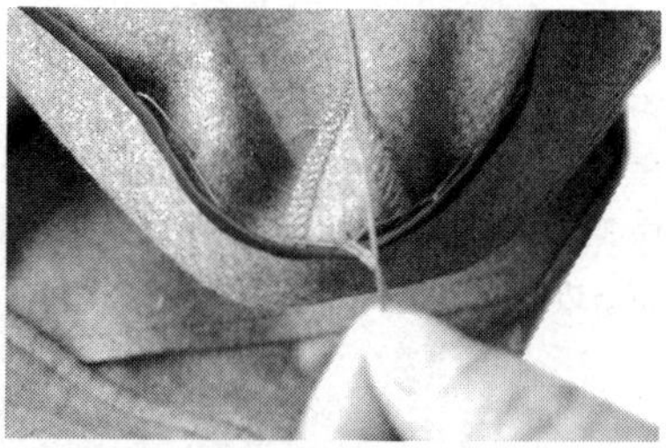

续表

序号	工序名称及工序要点	图示
22	工序名称：整烫 工序要点：整烫时部件的局部一定要放平整。注意控制熨斗温度	

模块二　衬　衫　缝　制

一、女衬衫款式

女衬衫的款式如图8—2所示。这是一款时尚、浪漫型的女衬衫。该款女衬衫为立领，翻门襟，前身收横胸省左右各一个，收腰弧形下摆，袖口装圆角袖克夫，在后袖缝下端设置袖衩。领子、前衣身、袖口都有装饰花边。

图8—2　女衬衫

二、女衬衫缝制

女衬衫的缝制工序流程和工序要点见表 8—2。

表 8—2　　　　　　　　　　　　女衬衫缝制

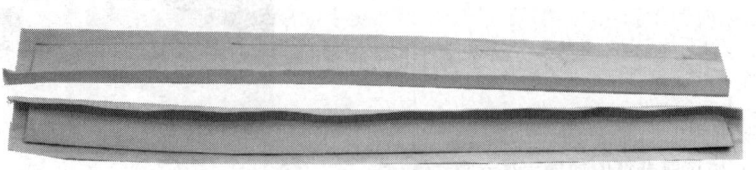

工序 1：做门里襟——裁片准备

工序要点：在门里襟上烫上黏合衬，用净样板画出净样，并按净样板一边折烫 1 cm

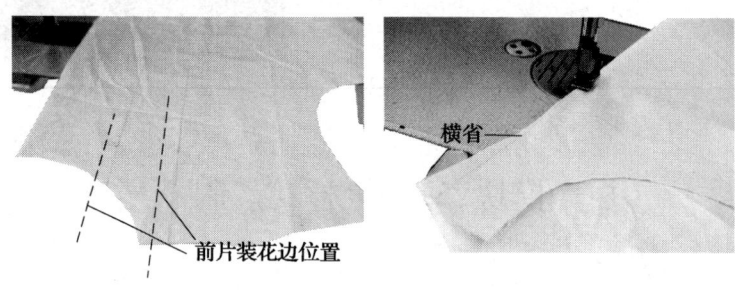

工序 2：准备前衣片缉横胸省

工序要点：缝合前衣片横胸省，缉胸省时要对准上下层眼刀标记，正面相叠。缉时要将丝缕较直的省缝放上面，省尖缉尖，两片省长短一致，省尖处留 4 cm 线头。打结后剪短。省缝向袖窿方向烫倒，省尖部件的胖形要烫散，不可有褶裥现象。画好花边对位记号

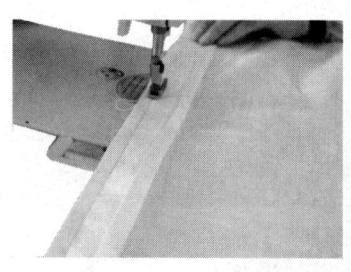 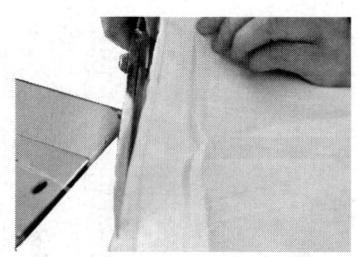

工序 3：做门襟

工序要点：把门襟和衣片正正相叠，按净样线缉 1 cm，再把缝头修剪成 0.5 cm 左右，翻正后烫平，在折烫处各缉 0.1 cm 止口线。注意线条顺直、平服

续表

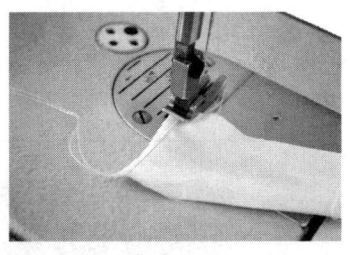 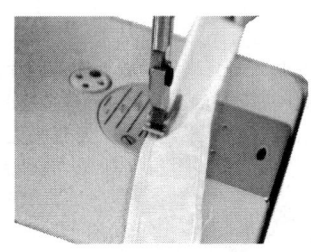

工序4：做花边——折缝毛边

工序要点：根据花边宽度裁剪斜丝，宽2 cm，把斜丝四周毛边折向反面，卷边压0.1 cm止口线。注意不要露出毛边，宽度一致，线条顺直

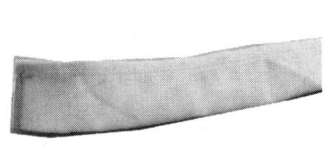 

工序5：做花边——抽褶

工序要点：把布条对折烫出中心线，在中间缉线拉底线抽褶裥，褶裥要均匀

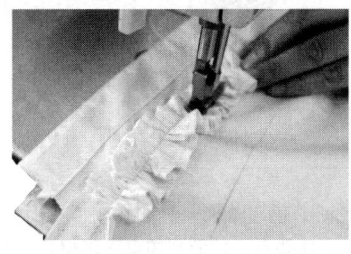 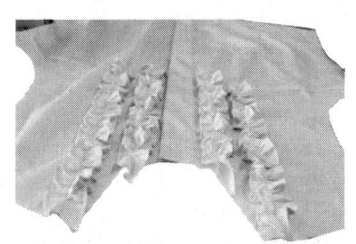

工序6：做花边——装花边

工序要点：把花边放在前衣片上，中心线对准衣片上的记号，缉一条线，注意缉线顺直，长短一致，褶裥、花边大小均匀，左右对称

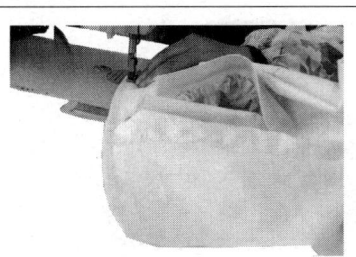 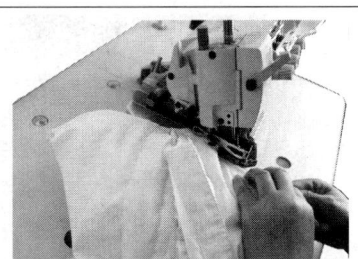

续表

工序7：缝合肩缝 工序要点：前后肩缝正面相叠，前片放上面，后片略放松，前片拉紧，缉线1 cm，肩缝不可出现拉变形现象	工序8：肩缝锁边 工序要点：注意前片在上，然后将缝份倒向后片锁边并烫平
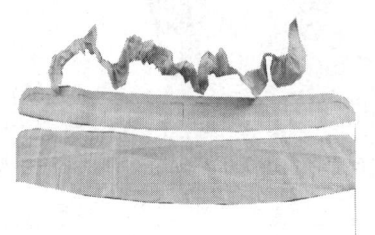	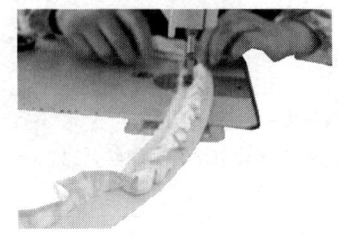
工序9：做领——裁片准备 工序要点：准备好领面和一条花边，领面烫黏合衬，下口扣烫1 cm并用净样板画上净样	工序10：做领——夹花边 工序要点：把花边与领面领外口线正面相叠缉1 cm。注意花边要缉均匀，宽度一致
	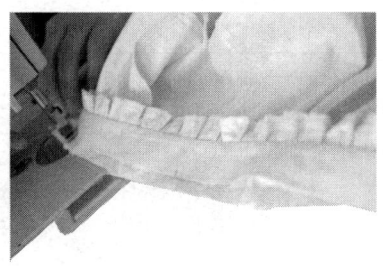
工序11：做领——缝合领里、领面 工序要点：将领里、领面正正相叠，领里在上按净样缝合，缝头修窄，剪齐，缉0.1 cm线，把缝头向领面扣倒，边烫边折转，翻回正面烫平，注意两圆角对称	工序12：做领——装领面 工序要点：领面与领口正正相叠，领面在上，从左襟开始起针沿领下沿缉线1 cm。注意领圈不能拉松或拉拢，领子两端要上足，各对位点准确，线条对直，左右对称
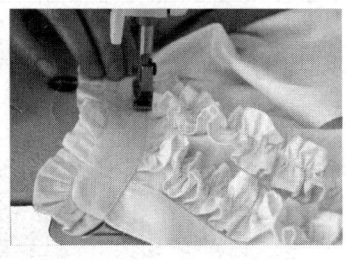	

续表

工序13：做领——装领里
工序要点：先检查领面装好后领圈是否圆顺平服，然后将领里缝头折光，按扣烫线盖住领面装领线，缉0.1 cm线，缉线时要拉紧下层、推送上层，使上下保持松紧一致

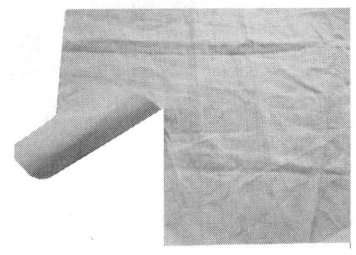 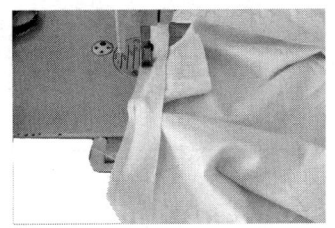

工序14：做袖子——缉袖衩
工序要点：用1.5 cm斜丝将袖衩包住开衩口，袖衩的另一面与袖子衩口反面相叠，放齐，缉0.6 cm线，开衩转弯处留0.3 cm袖子缝头。在转弯处不可打裥或毛出

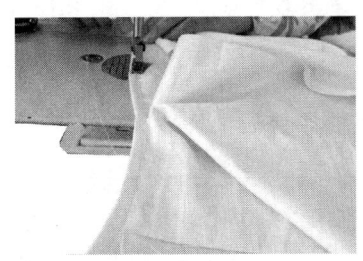 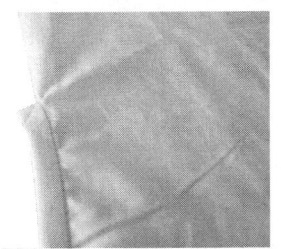

工序15：做袖子——压明线	工序16：做袖子——封袖衩
工序要点：袖衩翻转，在袖子正面，将扣光毛缝一边的袖衩改过第一道缉线，正面缉0.1 cm袖衩止口。注意不能缉住反面袖衩，袖衩不能有涟形	工序要点：袖子沿袖口正面对折，袖口平齐，袖衩摆平，袖衩转弯处向袖衩外口斜下1 cm，缉来回针三道

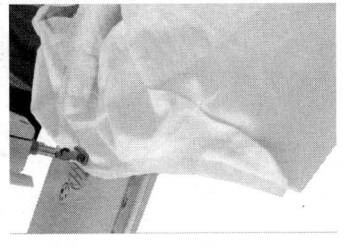 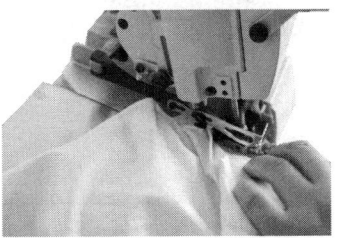

工序17：装袖子
工序要点：袖子放上层，正面相叠，袖窿与袖山放齐，袖山头眼刀对准肩缝，肩缝朝后身倒，缉0.8~1 cm线（注意不能用熨斗烫平），然后锁边

续表

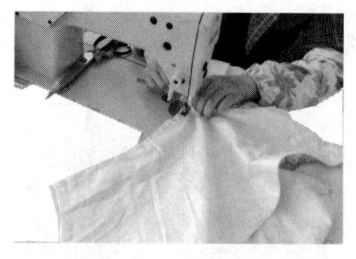
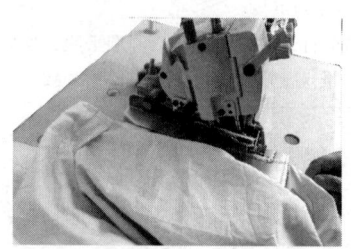

工序18：缝合侧缝和袖底缝

工序要点：前衣片放上层，右身从袖口向下摆方向缝合，左身从下摆向袖口方向缝合，袖底十字缝对齐，上下层松紧一致，然后锁边

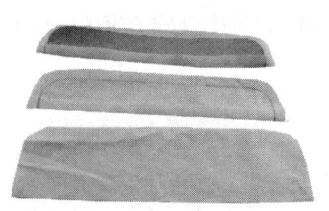

工序19：做袖克夫——裁片准备

工序要点：沿着净样板修剪袖头，袖克夫面烫上黏合衬，画出净样，并将上口缝头扣转烫平，缝份为 1 cm，注意顺直

工序20：做袖克夫——缉袖克夫

工序要点：袖克夫正正相叠，内夹花边，袖克夫面在上，按净样线缉合，注意圆角圆顺、大小相同、里外均匀、花边均匀

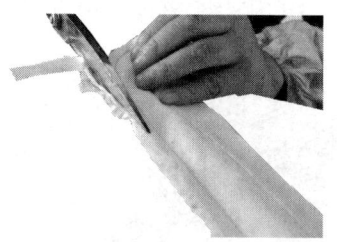
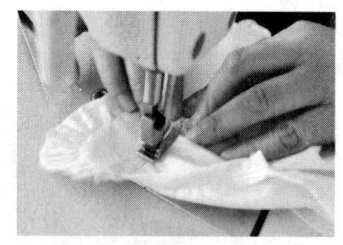

工序21：做袖克夫——修剪整烫

工序要点：修剪缝头，圆头留 0.3 cm 缝头，把圆头烫顺，对合一致，下口烫直，止口无反吐，将整个袖克夫烫平、烫煞。

工序22：装袖克夫

工序要点：袖口细裥抽均匀，袖衩门襟要折转，袖片的袖口大小与袖头长短一致。袖头夹里正面与袖片反面相叠，袖口放齐，袖衩两端塞齐，正面缉 0.1 cm 止口

· 102 ·

续表

工序23：袖口整烫 工序要点：将袖头及花边进行整烫。袖口有细裥，要将细裥放均匀，不要烫平，用手拉住袖克夫边，用熨斗横推熨烫	
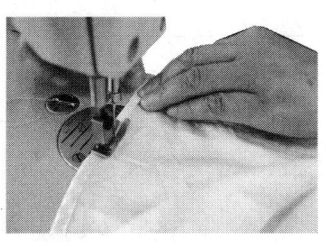	
工序24：卷底边 工序要点：门里襟对齐后，卷底边，底边宽为0.6 cm，止口线0.1 cm。注意不毛出、不露落针、不起涟形	工序25：锁眼、钉扣、整烫 工序要点：确定扣眼位置锁扣眼，按锁眼位钉纽扣，并整烫

模块三　裤子缝制

一、牛仔裤款式

牛仔裤的款式如图8—3所示。此款牛仔裤装弧形腰头，直裆较短，中低腰位，臀部紧身，五个串带襻，上下用套结固定，前中开门襟装拉链，前后裤片无裥、无省，前、后、左、右各设一月亮袋，右侧袋内装一只硬币袋，后片贴袋左右各一，后片上部育克分割。

图8—3　牛仔裤

二、牛仔裤缝制

牛仔裤的缝制工序流程及工序要点见表8—3。

表8—3　　　　　　　　　　　牛仔裤缝制

	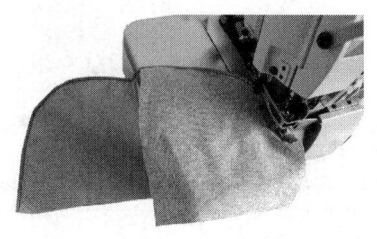
工序1：烫黏合衬 工序要点：在门襟和关键部件烫黏合衬	工序2：包缝 工序要点：前月亮袋袋垫弧线部件包缝

工序3：做、装硬币袋 工序要点：按净样板扣烫上口。烫硬币袋，袋口1 cm处缉明线。在右袋上按硬币袋位装袋子，要求在0.1 cm和0.6 cm处缉双线，然后沿袋垫弧线包缝	
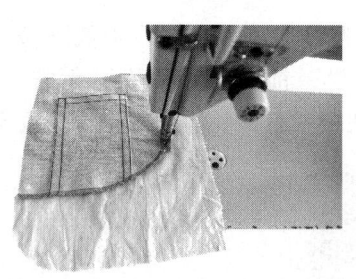	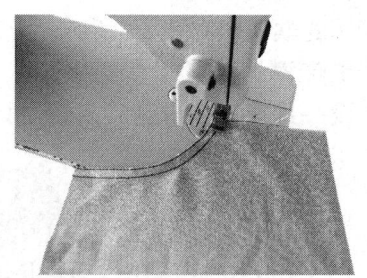
工序4：做月亮袋 工序要点：沿锁边线缉缝，将月亮袋袋垫与袋布车缝固定，检查袋布左右是否对称。前裤片正面与月亮袋袋布正面相叠车缝0.9 cm，在袋口弧线处打剪口以便翻转熨烫。翻转扣烫，形成里外匀，袋口0.1 cm和0.6 cm处分别压明线	

续表

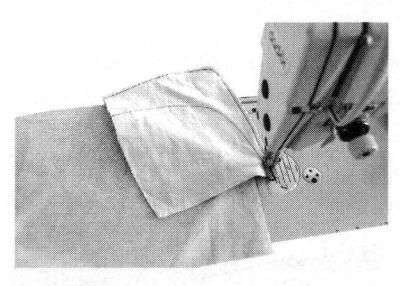	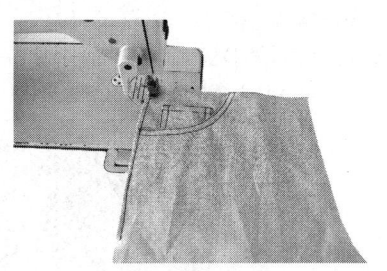

工序5：装月亮袋

工序要点：缝合两片月亮袋袋布，翻转沿袋底车缝0.5 cm再缉一道弧线，在腰口与侧缝处车一道固定线

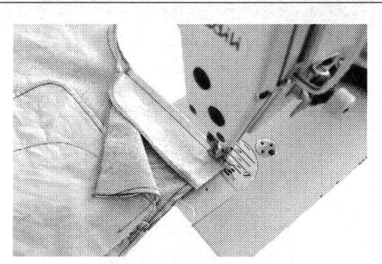	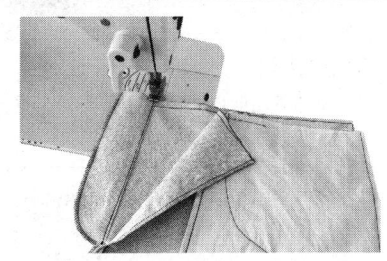

工序6：做门襟

工序要点：缝合左右裤片的门襟，左裤片与门襟正面相对，从开口处开始缝合，缝份0.8 cm，门襟缉0.15 cm止口线

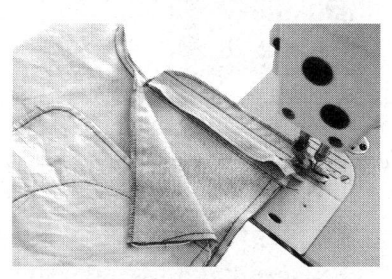	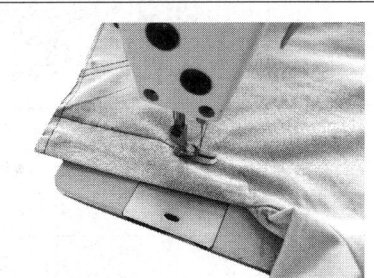

工序7：装门襟拉链

工序要点：门襟装拉链，注意拉链的位置。前门襟按净样板画线，再沿划粉车缝固定门襟布，缉双线，两线间距0.6 cm

	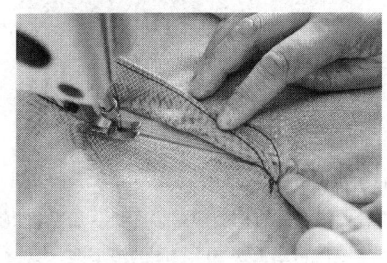

续表

工序8：装里襟及拉链

工序要点：里襟放在拉链下面，上端与拉链布边对齐。侧边拉链0.5 cm，放平后距边0.8 cm车缝固定。右裤片开口处缝份折0.6 cm盖住里襟拉链缝线，沿着边压0.15 cm明线，里襟缝合后，确保左裤片门襟盖过右裤片0.5 cm

工序9：缝合前裆缝

工序要点：里襟下端剪口，深度为0.6 cm。缝合前裆缝线后锁边。前裆弧线压双线。封口止点为门襟明线上1 cm处

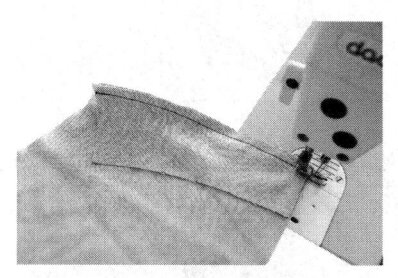 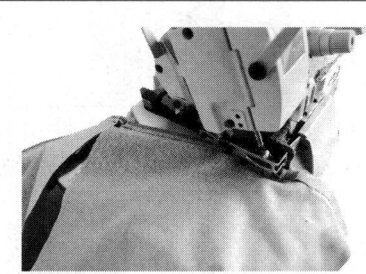

工序10：缝合育克

工序要点：育克在上，裤片在下沿边对齐。缝份1 cm，注意上下松紧一致。将拼线锁边，裤片压育克，在0.1 cm和0.6 cm处缉双线

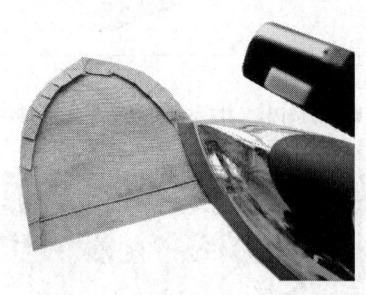 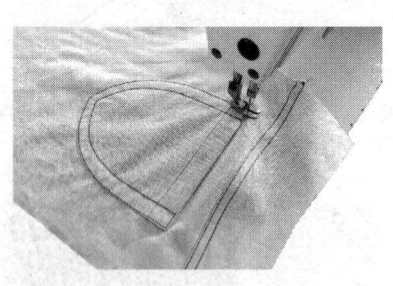

工序11：做、装后贴袋

工序要点：按净样板扣烫后贴袋袋口。后贴袋口贴边缉明线0.1 cm。按样板在后裤片上定出袋位后将袋布放上，车缝0.1 cm固定线后再缉1.5~0.6 cm的造型线

续表

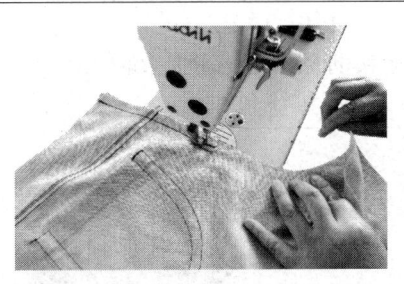 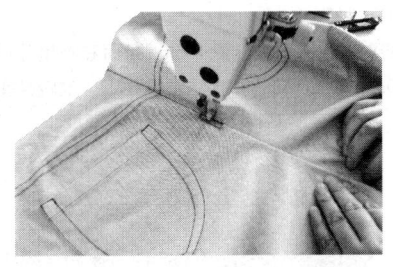

工序12：缝合后裆缝

工序要点：缝合后裆缝，注意上下松紧一致。育克明线对齐。后裆线锁边。0.1 cm和0.6 cm处缉两条明线，后裆与前裆保持一致

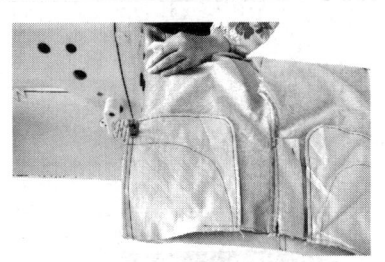 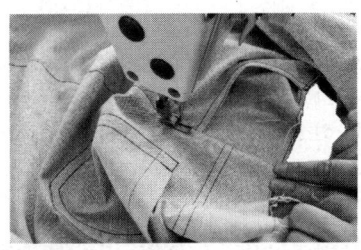

工序13：缝合侧缝

工序要点：缝合侧缝1 cm，上下层松紧一致，侧缝锁边。将缝份倒向后片。侧缝正面压双线，从腰口至脚口缉线宽0.1 cm

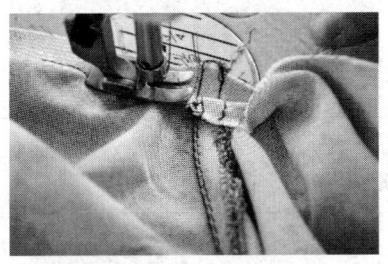 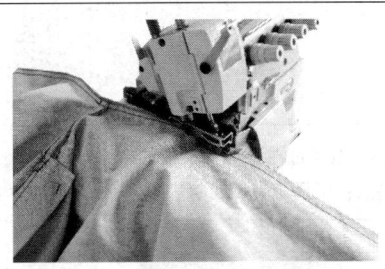

工序14：缝合下裆缝

工序要点：前片裤片平放，脚口对齐，缝合下裆缝，缝份1 cm。缝到裆底时，十字缝对齐。翻到正面检查裆底十字缝是否对齐。前片放上层，将下裆缝锁边

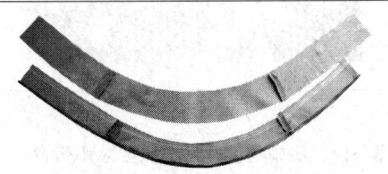 

续表

工序 15：做腰

工序要点：腰面下口折烫 1 cm。腰面和腰里上口缝合，要求后中对齐，缝份 1 cm。修剪腰两端的三角，腰上口缝份修剪留 0.6 cm。翻转腰头，注意角方正。翻转腰头，扣烫腰里下口。做好腰头对位记号

 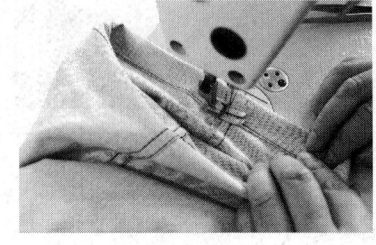

工序 16：装腰

工序要点：门里襟放平整，腰口下 1 cm 用划粉做记号。按划粉线装腰。腰头与门襟平齐，夹缝装腰，缉 0.15 cm 线，注意腰线盖过裤腰扣缝份 1 cm。沿套头缉线一周，注意腰面不能扭曲，腰头不能探头

工序 17：卷脚口

工序要点：脚口反面朝上，先折 0.5 cm，再折 2 cm，沿边缉 0.1 cm

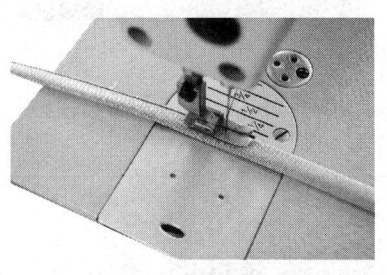 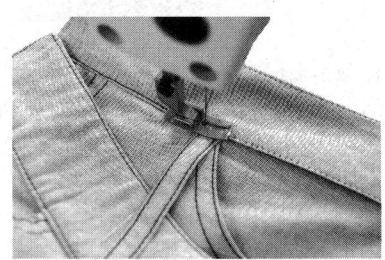

工序 18：做串带襻

工序要点：折烫串带襻，将串带襻一边锁边。串带襻两边压 0.1 cm 线后，裁剪成 8 cm 的长度

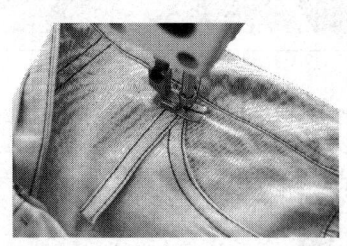 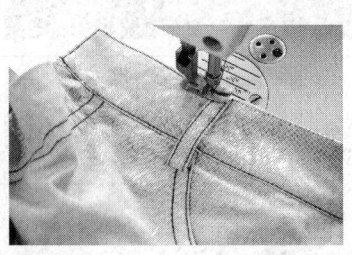

工序 19：装串带襻

工序要点：后中缝装串带襻一根。前片距袋口 1 cm 左右各装串带襻一根。后中与前片的中点各装串带襻一根

模块四 西 服 缝 制

一、小西服款式

小西服的款式如图 8—4 所示。该款女外套适于春、秋季穿着，较合体。该款式为戗驳领设计，单排扣，装袋盖，圆下摆，两片袖，袖口开叉。

图 8—4 小西服

二、小西服缝制

小西服的缝制工序流程和工序要点见表 8—4。

表 8—4　　　　　　　　　　　　小西服缝制

	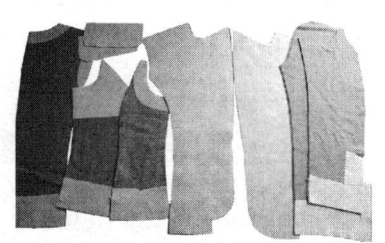
工序 1：裁片准备 工序要点：前中片、前侧片、后中片、后侧片、大小袖片、挂面、袋片、领片	工序 2：烫黏合衬 工序要点：在前中片（整片）、后片领口底边袖窿处、挂面、袋片、大小袖口边与袖衩位、前后侧片底边与袖窿处等部件烫上黏合衬

续表

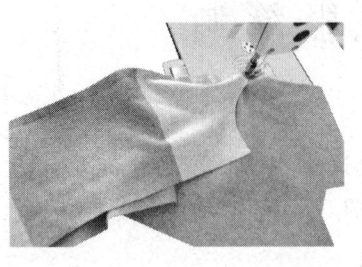
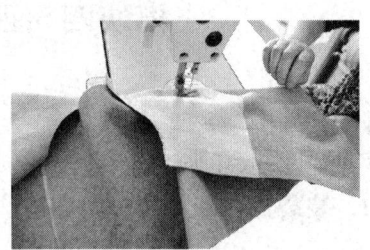

工序3：缝合前侧片与前中片

工序要点：大小衣片的腰节线、底边线对准，正正相叠，前侧片放上层，缝份1 cm，前中片胸围处有0.5 cm左右吃势，弧形刀背处不可出现拉环现象

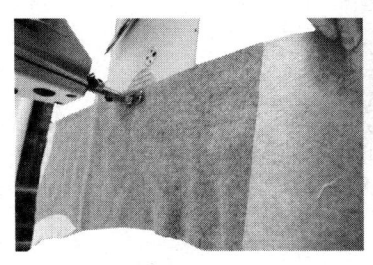
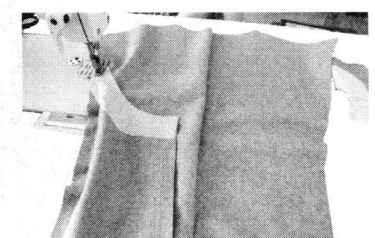

工序4：车缉背中缝

工序要点：腰节线、底边线对准，正正相叠，缝份1 cm

工序5：缝合后中片与后侧片

工序要点：大小衣片的腰节线、底边线对准，正正相叠，缝份1 cm

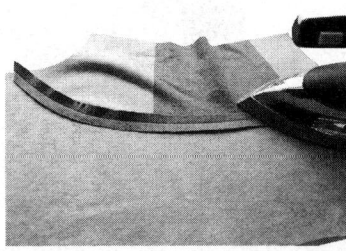
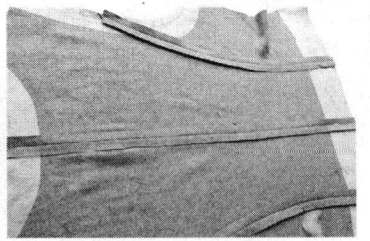

工序6：分烫背中缝与刀背缝

工序要点：胸部胖势烫圆，不可分还，分烫时把腰节段拔开，分烫侧片时丝绺放直，腰节拔开后分缝，斜丝处不宜拉环

续表

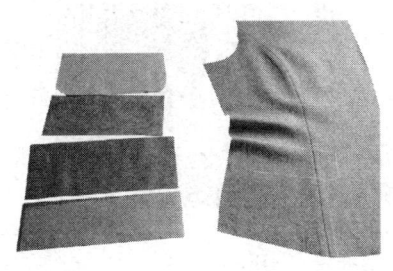	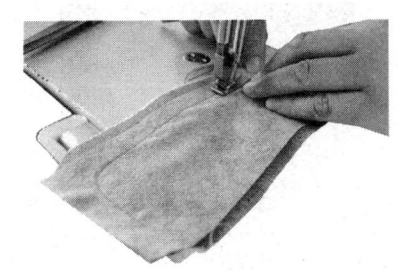
工序7：开袋——裁片准备，定袋位 工序要点：裁片有袋盖面、袋盖里、袋嵌，粘好黏合衬的袋盖里反面画出净样线，注意画净样前需将袋盖上口的翘势修成与衣片袋位翘势相符，并在前衣片定好袋位	工序8：开袋——夹缉袋盖 工序要点：袋盖面里正面相叠，将袋盖里放在上层，按净样线夹缉，夹缉时里层略紧。夹缉时袋盖面的袋角处略放层势，再修剪缝份，翻出袋盖

工序9：开袋——袋盖整烫 工序要点：翻烫袋盖时袋角翻正、翻实，注意袋盖面不反吐	
	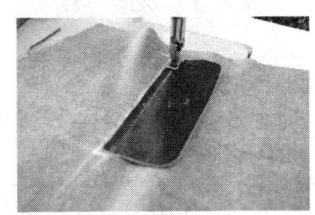
工序10：固定垫布与口袋布 工序要点：口袋垫布与里布拼接后压线固定，压线在垫布上，将缝份压住，缉0.1 cm止口线	工序11：开袋——缉袋盖 工序要点：在大身正面缉袋盖，袋盖净宽线对准袋口线，毛缝向下，缉上口袋位，注意缉线顺直、进出一致

续表

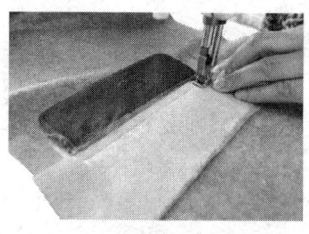	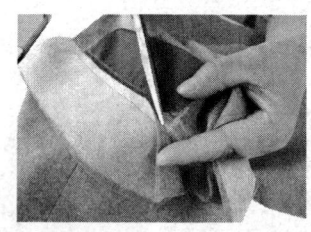
工序12：开袋——缉嵌线 工序要点：嵌线布一边对齐袋口，距离袋盖缉0.8 cm线。注意缉线顺直、进出一致	工序13：开袋——开袋口 工序要点：由袋位中间剪向两端，两端剪短三角，要剪足，但不能剪断线
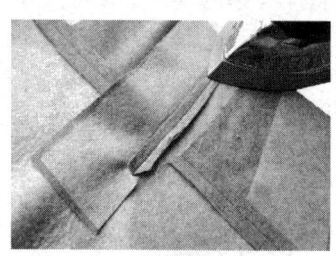	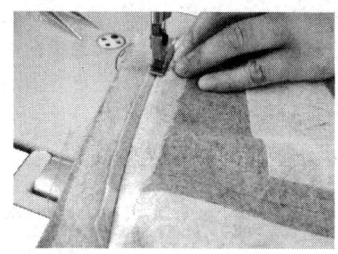
工序14：开袋——分烫上下嵌线 工序要点：将上下嵌线进行分烫，宽度为0.4 cm，喷水烫平	工序15：开袋——固定上嵌线 工序要点：在反面，沿着上嵌线拼接缝处固定上嵌线，注意线迹不能歪斜，要刚好在拼接缝处。起落针回针固定
	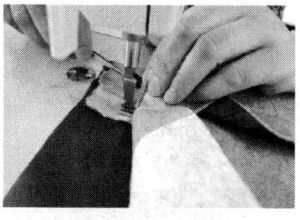
工序16：开袋——兜缉袋布 工序要点：将袋布三面兜缉，缉缝时注意上袋布（嵌线袋布一面）略松些，避免袋口嵌线豁开	工序17：开袋——封三角 工序要点：将左右两端三角来回封口缉线3道或4道，缉线要正直，以免影响正面袋角方正
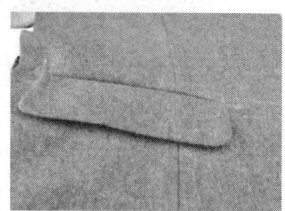	

续表

工序18：开袋——衣袋整烫 工序要点：将袋布剪整齐，在布馒头上盖布熨烫，熨烫时应将袋口烫出立体感，袋盖角有窝势
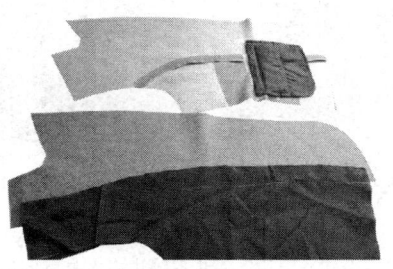
工序19：覆挂面——裁片准备 工序要点：准备前衣片、挂面、前片夹里
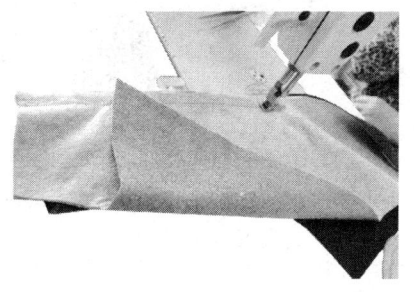 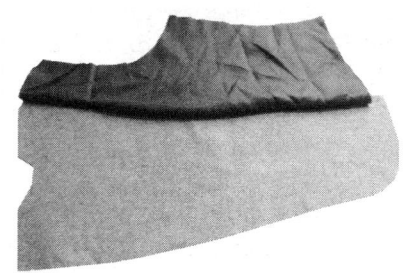
工序20：覆挂面——做前身夹里 工序要点：前片夹里与挂面缝合，缝份向夹里坐倒，可在夹里一边缉0.1 cm止口线固定
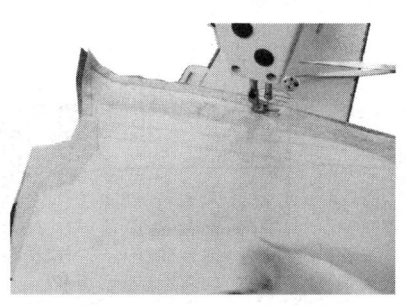 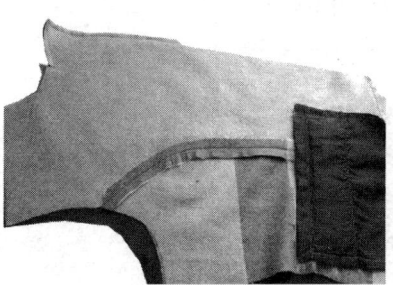
工序21：覆挂面 工序要点：领圈和驳头挂面按面料放出0.5 cm，底边按面料折边线放出1 cm，其他部件里子比面子略大，然后将挂面与大身止口正面相叠，由驳头缺嘴缝至底边，要求驳头驳角处放吃势，驳头中段平眼位上下一致，略放吃势，接着平扎，止口下角处缝制略带紧，以保证驳头与门里襟呈里外均匀，不外翘

续表

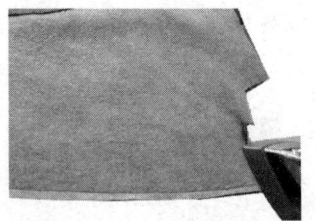 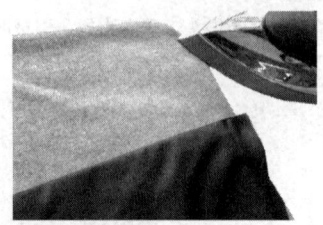

工序 22：覆挂面——烫止口

工序要点：领缺嘴和驳点处分别剪眼刀，扣烫缝边，将止口缝边由大身倒向挂面，坐进 0.1 cm 扣烫，驳头与串口的缝份按绱线扣烫。门里襟止口要烫直、烫平，驳头处要烫圆顺，要求圆角圆顺不起角，左右对称

 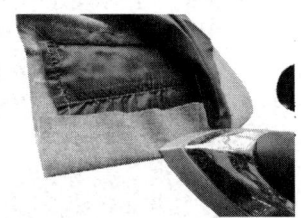

工序 23：覆挂面——翻烫止口

工序要点：把驳头翻出，驳角翻方正，门里襟止口翻牢，扎线定扎驳头，盖水布将止口烫薄、烫煞。沿驳口线折转驳头，烫出里外匀窝势

工序 24：烫底边

工序要点：将底边按线丁折转烫平、烫顺

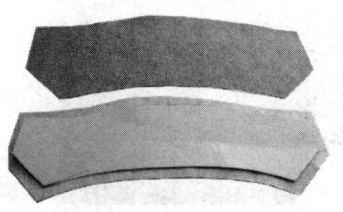 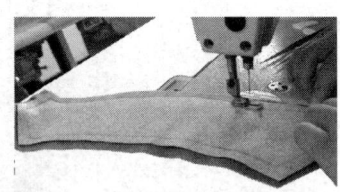

工序 25：做领——准备裁片

工序要点：用净样板在领面上画出领子净样

工序 26：做领——合绱领子

工序要点：领面放上层，领面、领里正面相叠，沿净线夹绱，夹绱时领里两领角适当拉紧，保持领面、领角有窝势

续表

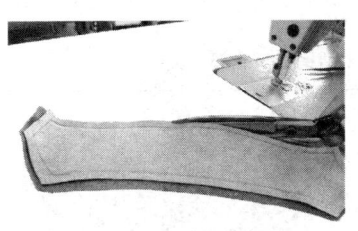

工序27：做领——修剪缝头

工序要点：把缝头修剪成0.5 cm左右，领角处可再小一些

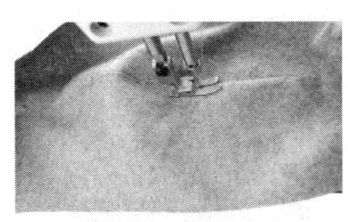

工序28：做领——缉固定线

工序要点：将缝份倒向领里，在领里外止口处缉一条0.15 cm的止口固定线

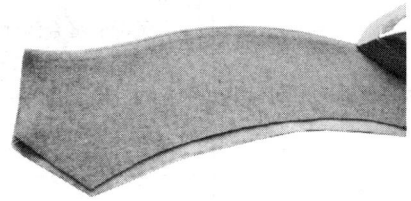

工序29：做领——翻烫领子

工序要点：在领子反面沿缉线扣烫缝边，折好领角，翻出。翻实后领里坐0.1~0.15 cm烫平

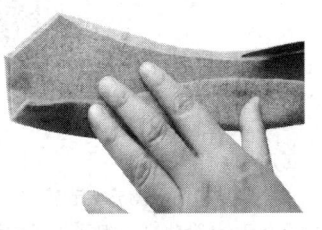
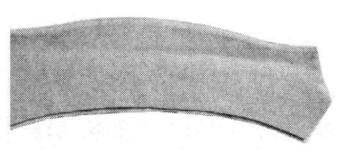

工序30：做领——修剪缝头

工序要点：修剪串口线与领下口线的缝头，领下口线留0.3~0.5 cm缝头，再做好装领时的对位标记

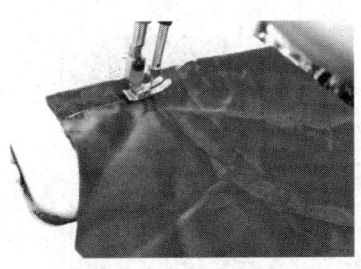

续表

工序 31：做后片夹里 工序要点：后片夹里缉做倒缝，并在领口下 8 cm 至胸围线处设置一个活裥直至底部	
	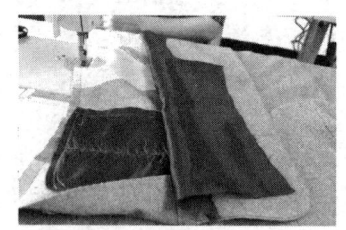
工序 32：熨烫 工序要点：后片夹里做好后熨烫平整	工序 33：缝合侧缝 工序要点：合缉面子侧缝，前后衣片正面相叠，前片在上，腰节处对准，合缉缝份 1 cm，再缉夹里侧缝，上下两格要求松紧一致，缉线顺直
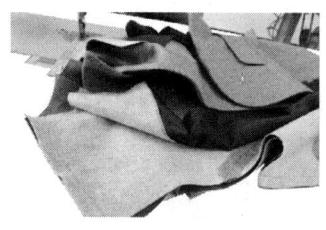	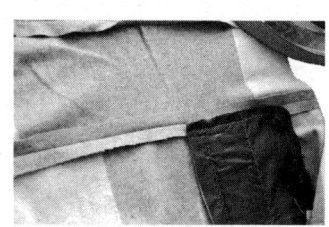
工序 34：缝合肩缝 工序要点：合面子肩缝，前后片肩缝正面相叠，后片放下层，后面肩 1/3 处放吃势 0.5 cm 左右，缝份 1 cm 合缉，后肩缝要比前肩缝松。合缉夹里肩缝方法与合面子肩缝同	工序 35：分烫侧缝 工序要点：面子侧缝腰节处拔开分烫，夹里缝份向后坐倒有 0.2 cm 余势（一般采用折烫缝边，即向前或向后坐进 0.2 cm 折转烫平）
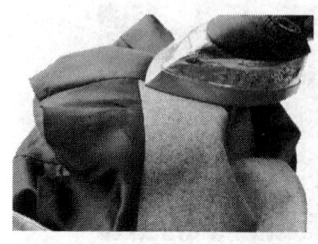	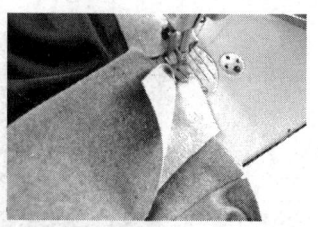

续表

工序36：分烫肩缝 工序要点：肩缝放在铁凳上烫分开缝，注意不可将肩缝烫变形。夹里缝份向后身坐倒	工序37：装领——缉串口线 工序要点：按净线先将领里串口与前身串口合缉，再合缉领面与挂面串口线。合缉时注意把握缝制技巧，即领面的领角起始点对准驳角缺嘴，而领里的领角起始点应在驳角缺嘴处回进0.15 cm左右，挂面串口净样线应与驳角面吐出后保持一致
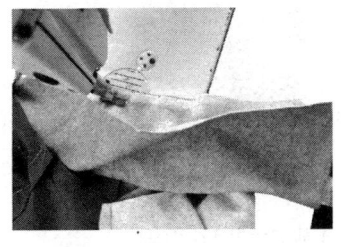	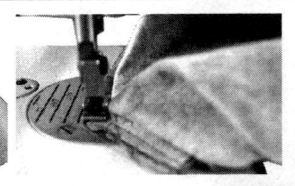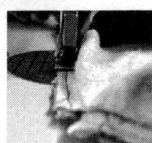
工序38：装领——装领面 工序要点：将领面与衣身挂面、夹里正面相叠，串口、领圈处对齐，各对档标记对准，缝合后领圈。缉线要顺直，肩缝转弯处领面略放层势，领角不毛出	工序39：装领——装领 工序要点：领里缉合领圈部分，转折处剪眼刀，要求与缉领面相同，注意领里同领面后中心相对，丝绺不要拉环
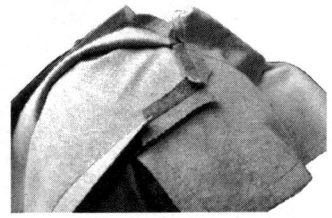	
工序40：装领——分缝、固定 工序要点：在衣身领圈转角处剪一眼刀（不可断线），将串口烫分开缝，烫平、烫煞，不可烫变形，用手缝或车缉固定领面、领里的串口及领圈	

续表

工序41：装领——熨烫定型 工序要点：将领头放在铁凳上，使驳领与驳头按驳口线、领脚线自然翻折于衣身上，用熨斗熨烫使之自然服帖于前身与肩部。注意驳头不要烫实，要有自然弯折曲度。驳口线与领脚线要顺直一致	
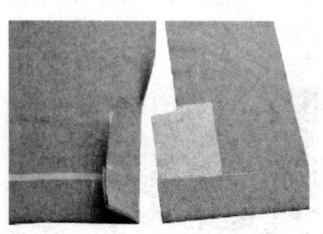	
工序42：做袖——裁片准备 工序要点：准备大小袖片，大袖片袖衩烫进	工序43：做袖——缉大小袖衩 工序要点：将大小袖衩按袖口折边正面相对车缉，小袖衩勾缉时，上口留0.8 cm，不要缉到头
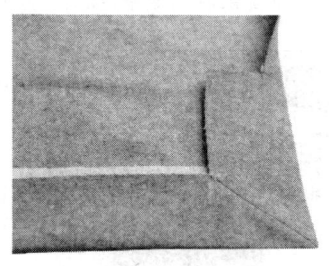	
工序44：做袖——熨烫袖衩 工序要点：大袖衩分缝烫平，正面向外翻出，将袖衩贴边和袖口折边熨烫平整	工序45：做袖——缝合后袖缝 工序要点：大小袖片正面相叠，大袖片放下层，袖衩处做好缝制标记，车缉后袖缝。大袖上段10 cm略放吃势，缉线要顺直，缝至距袖口2.5 cm处止
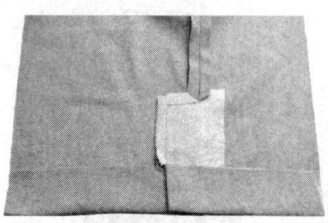	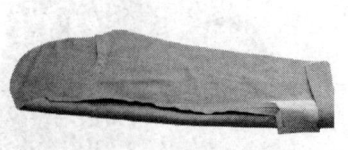

续表

工序 46：做袖——分烫后袖缝
工序要点：缉好后，在小袖袖缝与袖衩折角处打一眼刀，烫分开缝，袖衩倒向大袖片。正面翻出，自袖口处向上 10 cm 处将袖衩折好，盖水布烫煞。然后按线丁折烫袖口贴边

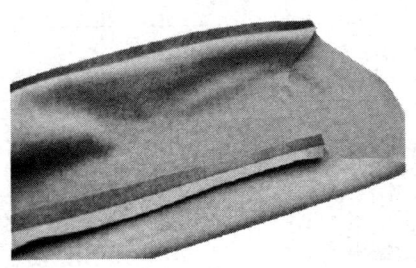

工序 47：做袖——缝合前袖缝
工序要点：大小袖前袖缝正面相叠，大袖片放上层缝份 1 cm。合缉后烫分开缝，合缉与分烫时应注意不能将大袖片袖肘处拔开部分倒回

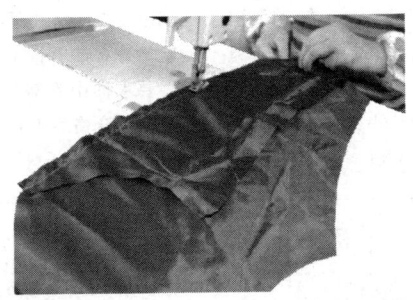

工序 48：做袖——缉袖夹里
工序要点：袖夹里大小袖正面相叠，按缝份缉前后袖缝，在合缉左袖的前袖缝夹里时，中间留口 3 cm。缉线顺直，缝头 0.8 cm，缉好后把缝头朝大袖片一面扣转烫坐倒缝

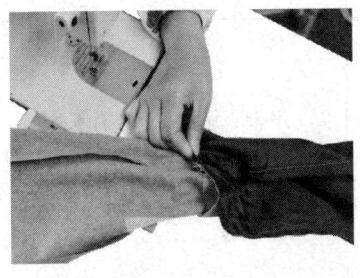 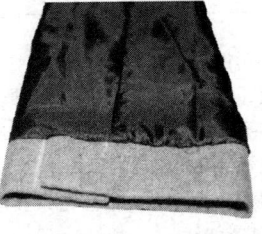

工序49：做袖——装袖夹里

工序要点：将袖夹里与袖片袖口套合在一起正面相对，在袖衩处做好标记，前袖缝、后袖缝要对好。然后车缉袖口一圈。缝口与袖夹里缝合坐出1~0.7 cm。将面子的袖口边翻上，用手工固定袖口边。注意操作时线迹应略松，正面不露线迹，再将袖口夹里1 cm的坐势烫平

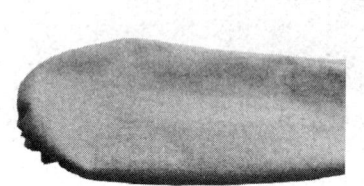

工序50：做袖——抽袖山头吃势

工序要点：袖山面用纳布头缝针手缝一道，缝头0.6~0.7 cm，针距0.3~0.4 cm，袖山里机缝一道，然后手拉吃势，吃势的多少与面料质地等因素有关，还要考虑与袖窿装配的长度，一般前袖比后袖一段略多，前袖山斜坡少于后袖山，袖山最高处少放吃势，小袖片一段横丝不可抽。抽好后将山头放在铁凳上烫圆顺

工序51：检验左右袖

工序要点：将衣服穿在人台上，装垫肩的需衬上垫肩再检验，查看袖子前后是否适宜，一般以遮住袋口1/2为宜，要求袖山吃势均匀合理，圆顺、饱满，丝绺横平竖直。检验合格后用同样方法操作左袖

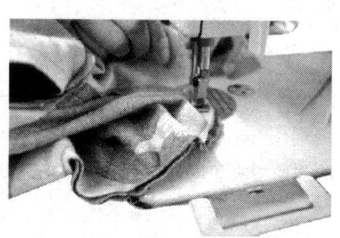

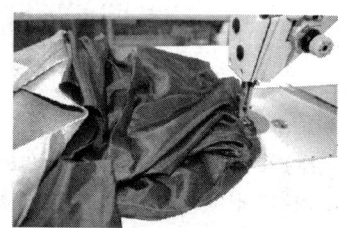

工序52：做袖——车缉袖子

工序要点：袖子放上，缝份0.8 cm，缉缝圆顺，不改变吃势，并在袖子一面沿袖山弧线，装斜料绒布衬条，衬条宽3 cm，长度以前袖缝开始至后袖缝向下3 cm为宜（也可在绒布上再加一层粗布衬），将袖窿衬条放准位置车缉，车缉线不能超过装袖线

工序53：做袖——装袖窿夹里

工序要点：夹里袖山与大身里子袖窿正面相叠，按装袖的对应点装袖夹里，缝头0.8 cm，缝份倒向袖山

续表

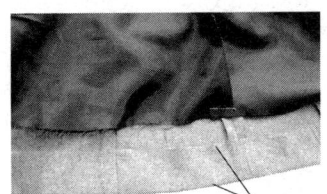折转3.5cm烫平	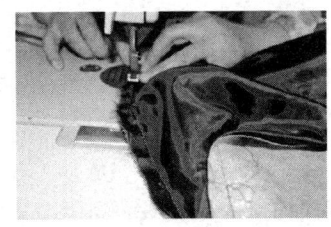
工序54：做底边——烫底边 工序要点：先将前、后片底边按线丁转折烫平、烫顺	工序55：做底边——合底边夹里 工序要点：将底边翻到反面，底边面里正面相叠，从里子与挂面拼合处开始缉，开始段有8~10 cm斜缉。左右对称，其余里面止口平齐，侧缝对准合缉

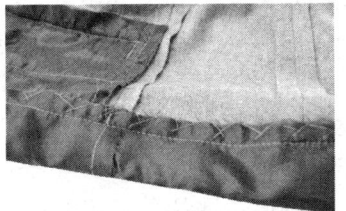

工序56：做底边——缲底边

工序要点：用暗缲针把底边固定，注意针距为每3 cm 4针，正面不露线迹，然后将衣片翻到正面，底边夹里留1 cm坐势烫平

培训大纲建议

一、培训目标
通过培训，培训对象掌握服装缝纫的基本技能，能从事服装缝纫工作。

1. 理论知识培训目标
（1）掌握服装缝纫术语、符号和部件。
（2）认识服装缝纫工具、设备及使用与维护的基本知识。
（3）理解并掌握手缝工艺、机缝工艺、熨烫工艺和特种工艺的基本知识。
（4）熟悉服装典型零部件生产知识。
（5）熟悉服装中裙子、裤子、衬衫和外套等基本款式的缝制基础知识。

2. 操作技能培训目标
（1）掌握服装缝纫工具及设备的使用。
（2）掌握服装生产缝纫操作基本技巧。
（3）能正确使用机缝设备、熨烫设备和特种工艺设备。
（4）掌握裙子、裤子、女衬衫和外套基本款式的缝制方法。
（5）能认识基本款式的样板和裁片，并能独立完成典型部件的缝制。
（6）能独立完成裙子、衬衫等典型服装的缝制。

二、培训课时分配要求
总课时数：102 课时
理论知识课时：49 课时
操作技能课时：53 课时
具体培训课时分配见下表。

培训课时分配表

培训内容	理论知识课时	操作技能课时	总课时	培训建议
第一单元　服装缝纫术语及符号	8		8	**重点**：服装术语、服装符号、服装型号、服装部件等基本知识 **难点**：服装部件和型号 **建议**：教师对基本知识做整体介绍，并结合具体案例进行分析，具体情况还需要在后面的章节中结合讲解
模块一　服装术语	2			
模块二　服装符号	2			
模块三　服装型号	2			
模块四　服装部件	2			

续表

培训内容	理论知识课时	操作技能课时	总课时	培训建议
第二单元　服装缝纫工具及设备	4	4	8	**重点**：服装缝纫工具、工业缝纫机的使用和维护 **难点**：工业缝纫机的使用和维护 **建议**：结合具体的实践任务进行讲解
模块一　服装缝纫工具	2			
模块二　工业缝纫机的使用与维护	2	4		
第三单元　手缝工艺操作	2	2	4	**重点**：手缝工具和钉纽扣方法。 **难点**：手缝工具的使用。 **建议**：教师先做引导性讲解，结合实际任务进行理实一体实践训练
模块一　手缝工具	1			
模块二　手缝工艺	1	2		
第四单元　机缝工艺操作	3	3	6	**重点**：空车训练、机缝操作、基本缝型 **难点**：基本缝型的缝制 **建议**：教师先做引导性讲解，结合实际任务进行理实一体实践训练，可以结合后面的缝制任务进行讲解
模块一　空车训练	1	1		
模块二　机缝操作	1	1		
模块三　基本缝型操作	1	1		
模块四　其他缝型操作				
第五单元　熨烫	3	2	5	**重点**：熨烫工具、熨烫中对熨烫要素和技法的掌握 **难点**：掌握熨烫技法 **建议**：教师做引导性分析，做标准示范，学习者理实一体化实训
模块一　熨烫工具	1			
模块二　熨烫要素	1			
模块三　熨烫技法	1	2		
第六单元　特种工艺操作	5	10	15	**重点**：包括包缝机、双针平缝机、电脑平缝机、钉扣机和锁眼机等在内的特种设备的使用 **难点**：各种特种设备的熟练使用 **建议**：教师做示范，学习者开展理实一体化实训，参观考察服装生产车间，完成实习报告
模块一　包缝	1	2		
模块二　双针平缝	1	2		
模块三　电脑平缝	1	2		
模块四　钉扣	1	2		
模块五　锁眼	1	2		
第七单元　典型部件缝制	8	16	24	**重点**：包括领子、袖子、开口和口袋等典型部件缝制 **难点**：根据图示和文字分析的引导，独立自主进行典型部件的缝制 **建议**：教师选择几款典型性部件作为案例进行示范，学习者模仿制作后，能根据款式需要，自主选择款式，通过自主学习和实践，在教师指导下完成自主款式的缝制
模块一　领子缝制	2	4		
模块二　袖子缝制	2	4		
模块三　开口缝制	2	4		
模块四　口袋缝制	2	4		

续表

培训内容	理论知识课时	操作技能课时	总课时	培训建议
第八单元　典型服装缝制	16	16	32	**重点**：裙子缝制、衬衫缝制、裤子缝制和外套缝制 **难点**：根据典型案例学习后，能根据图示和文字分析的引导，自主进行成品的缝制 **建议**：按照服装生产流水程序进行缝制实践练习，到企业考察真实生产情况并参与实训，完成实习报告
模块一　裙子缝制	4	4		
模块二　衬衫缝制	4	4		
模块三　裤子缝制	4	4		
模块四　西服缝制	4	4		